景观及建筑表现技法

JING GUAN JI JIAN ZHU BIAO XIAN JI FA

主 编：陈洪伟 毛 靓

东北林业大学出版社

景观及建筑表现技法/陈洪伟,毛靓主编.—哈尔滨:
东北林业大学出版社,2007.1

ISBN 978-7-81076-988-4

Ⅰ.景… Ⅱ.①陈… ②毛… Ⅲ.①景观—园林设计—技法(美术)②建筑艺术—绘画—技法(美术)Ⅳ.
TU204 TU986.2

中国版本图书馆CIP数据核字(2007)第004765号

责任编辑：戴 千　　技术编辑：扈琇斌　　整体设计：吴 刚
编委会成员：
主　编：陈洪伟　毛　靓
副主编：隋慧文　刘长富　张　辉
编　委：汪伟亮　邵卓峰　葛　冰　张　磊

景观及建筑表现技法　　jing guan ji jian zhu biao xian ji fa

主　编：陈洪伟　毛　靓
副主编：隋惠文　邵卓峰　汪卫亮　葛　冰
出　版：东北林业大学出版社(哈尔滨市和兴路26号)
发　行：全国新华书店
制　版：哈尔滨地矿福田广告公司
印　刷：黑龙江省教育厅印刷厂印装
开　本：787×1092　1/12
印　张：9
印　次：2007年1月第1版　2007年1月第1次印刷
书　号：ISBN 978-7-81076-988-4　TU·36
定　价：50.00元

编者介绍

陈洪伟 ■

1970 年 9 月 9 日生于黑龙江省北安市

1998 年毕业于东北师范大学美术学院美术教育专业,获得学士学位

2005 年考入东北林业大学园林学院城市规划与设计专业,在读硕士,现任教于东北林业大学园林学院

现从事环境艺术设计、景观及建筑表现技法等课程的教学及研究工作

2003 年出版《平面构成》一书,并一直从事版画创作

作品《入冬的风景》获得 2006 第六届全国高校师生书画艺术展赛特等奖

作品《临霜 沥雪 临风》入选第十七届全国版画作品展

作品《北方心象》入选第二届中国美术金彩奖全国美术作品展

2003 年赴香港参加版画学术交流

现为黑龙江美术家协会会员

毛 靓 ■

1978 年 2 月生于辽宁省葫芦岛市

2002 年毕业于西南交通大学建筑学院,获建筑学学士学位

毕业后一直从事景观建筑设计及理论、生态建筑技术、城市规划与设计等方面的教学和科研工作

参加了"十五"国家重点科技攻关项目(东北林区景区建筑生态规划与绿色节能技术研究)等科研课题的研究

现任东北林业大学园林学院讲师,硕士

前言

景观及建筑表现是景观、建筑、园林、城市规划等相关专业设计师必须掌握的一种视觉语言,它不仅是景观和建筑设计专业的一个重要组成部分,同时也是设计师们用于形象思维的表现手段。无论是从事建筑设计工作的建筑师还是从事景观设计的景观设计师,他们都期望自己的设计构思能被人们所理解,设计作品能够得到大家的认同,并最终得以实施,服务于社会和广大民众。所以,对于景观及建筑设计师来说,景观及建筑表现就显得尤为重要。可以说,能否画出一幅优秀的表现画是一个设计者能否成为一名优秀设计师的重要条件。然而,景观及建筑表现技法是多种多样的。而在众多的表现形式中,对手绘表现的学习与把握,则是掌握其他各种表现语言的入门基础。

本书面向在校的景观、建筑、园林、城市规划等相关专业的学生,以及有志成为相关专业设计师的人士,着重介绍手绘景观及建筑表现图的基础知识,各种常用的手绘表现技法,以及针对学生作业的修改和优秀学生作品欣赏。本书主要包括四部分的内容:第一部分是景观及建筑表现技法的基本理论知识(训练方法,透视基本知识,色彩的基础知识);第二部分是彩色铅笔、钢笔、水彩、透明水色、马克笔五种表现技法的详细介绍;第三部分是针对学生的作业进行批改;第四部分是优秀学生作品及品评。

由于目前表现技法正在随着社会发展而不断的进步,虽然我们也在不断地学习、积累和总结,但由于我们的理论和实践水平有限,难免有不妥之处,望各位同行和广大读者给予批评指正。

陈洪伟 毛靓

2006 年 9 月

目 录

001 ──── **第一章　基础训练**

　　001 ──── 第一节 概述
　　005 ──── 第二节 透视基础的训练
　　008 ──── 第三节 绘画基础训练
　　015 ──── 第四节 景观及建筑设计的水平

016 ──── **第二章 景观及建筑表现绘画技法**

　　016 ──── 第一节 彩色铅笔表现技法
　　020 ──── 第二节 钢笔表现技法
　　030 ──── 第三节 水彩表现技法
　　042 ──── 第四节 透明水色表现技法
　　045 ──── 第五节 马克笔表现技法

048 ──── **第三章 作业改优**

073 ──── **第四章 学生优秀作品**

第一章
基 础 训 练

第一节 概述

一、景观及建筑表现绘画的历史发展

在中国古代社会，表现景观和建筑内容的绘画形式很多，可以说自有建筑以来就有了描绘建筑及其环境的绘画。目前所能见到最早描绘建筑的图像，当推山东临淄朗家庄出土的春秋末期漆器上表现建筑形象的漆画了。另据考证，在河北出土的战国时期的《中山王陵兆域图》，即为用金线镶嵌在石板上所形成的建筑表现绘画。两汉以来，从出土墓室的壁画与石刻线画中已见到表现建筑的立画图、剖面图及略近于现在的所谓"轴测投影图"了。

魏晋南北朝以来，在墓室与石窟中绘有建筑壁画的更是日益增多，我们今天从甘肃敦煌莫高窟与麦积山石窟中大量保存下来的壁画中就可见到当时所绘的佛寺、天宫与宅第的形象。隋唐时期，绘画有了进一步的发展，并开始发展出人物、屋宇、山水、鞍马、鬼神、花鸟6个画种，其中，屋宇即为建筑画，山水即为景观画。这时画建筑和环境多用近于一点透视的画法，有平视与鸟瞰等形式，建筑及环境的空间感与以往有了较大的提高，建筑构造的描绘也更加细微，所有这些从西安唐代大雁塔门楣石刻佛殿图与敦煌莫高窟２５７窟的壁画中均可见到。

据画史记载，到五代、北宋时，建筑画与山水画一样逐步成为独立的画种。北宋末年宋徽宗时设画学，内分6科，即佛道、人物、山水、鸟兽、花竹、屋木，其中屋木即指建筑画。从画史中可知，这一时期最著名的屋木画家是五代的卫贤和北宋初年的郭忠恕。但就流传下来的作品看，水平最高的则是北宋画家张择端所作的《清明上河图》。此图以长卷的形式表现北宋末年汴梁城自东郊至外城角门一段沿汴河两岸的景观，画了大量农舍、村镇、店铺、桥梁、城楼及城内繁华的商业街。画中的城楼、衙署、酒楼与宅第等大型建筑用界尺画出，民居与小店铺则徒手画出，布局饱满而舒展。《清明上河图》这幅画作虽为民情风俗画，但画中的建筑却是形神兼备，达到了尽善尽美的境地。

南宋时期，景观及建筑表现在前期的基础上又有了进一步的发展，除准确地掌握建筑形象、风格、细部以表现建筑之美外，在表现景观环境与图面构图上都有所创新，力图表现出一定的意境，把诗情画意也体现在表现图中。这时候已出现了"界画"一词(在这里，"界"指界尺，是一种专供用毛笔画直线的工具)，其原意是指用界尺来做画。流传时间久了，即把屋木、舟车等需要用界尺来画的画统称为"界画"。从北宋时期现存描绘有景观及建筑内容的绘画作品来看，画家已经掌握了较多的透视知识，其程度接近西方文艺复兴初期的水平，但在时间上早了400余年。

到了元代景观及建筑绘画已处在盛极而衰的过程中了。这种状况一直到明代也没有多少改变。而且，在明代近300年的绘画史中，竟举不出一位这方面的画家代表来，能够流传下来并使人称道的作品也寥寥无几。

直到清代，景观及建筑画才重新有所发展，尤其是在康熙、雍正、乾隆三朝，颇有名手涌现，如袁江、袁耀等，其中不少作品也还能从有关部门的藏画中见到。而从透视技法的发展进程看，元代以后的几百年间则一直未能从文人与画家的写意寄情中步入几何学的科学殿堂，而是发展成为中国绘画艺术制作中另外一种形式法则，如"散点透视"的表现之中。也正是这样，广泛用于表现绘画的现代透视图学主要还是源于西方。

从国外景观及建筑画的发展看，其最早的萌芽可从古埃及遗留下来的壁画式陶器上隐约见到。而在古巴比伦、希腊与罗马已有了描绘在石板上的建筑平面图样。

从文献记载中，最早对透视原理进行研究的是古希腊哲学家阿纳萨格拉斯(Anaxagoras)，他在公元前5世纪时曾描述过透视的现象："以从我们眼中发出的同定视线为光笔，描绘在一个想象的介于中间的平面上。"古罗马的建筑大师维特鲁威(Vitruvius)在公元前1世纪时也曾提到过建筑透视图的问题，只是运用透视原理进行绘画尚未出现。在国外真正用建筑画来说明建筑构造是从公元12世纪开始的。13世纪时，出现了绘制极为精细的哥特式建筑的立面图，同时在绘画领域出现了用明

暗表现远近的方法。意大利文艺复兴时期,便采用了真正的透视画法。此后现代透视学的原理才真正进入建筑领域,在17~18世纪形成了今天常用的透视绘图方法。

进入19世纪以后,建筑师布鲁克(Brucke)及海姆荷匀茨(Helmholz)运用几何学的原理,完善了现代透视学。从此,透视才得以广泛地运用于建筑、绘画、电影、电视等视觉表现领域。此时,法、德、英等国发展了用钢笔、铅笔、水彩等工具绘制景观及建筑透视图的技法,其严谨、真实的表现能力,使设计师的设计构想得以非常直观的表现。然而在这个时期,最有代表性的还是在法国巴黎美术学院中所推行的水墨渲染技法,并占据了整个建筑及景观表现领域。

20世纪初,随着欧洲现代主义艺术运动与现代设计运动的蓬勃发展,产生了以功能主义为代表的现代建筑运动。与此同时,现代艺术中的表现主义与立体主义绘画形式也在一定程度上影响了景观及建筑绘画的表现风格。并且,随着一批现代建筑大师的出现,也将景观及建筑绘画的发展推向了一个全新的天地。

进入20世纪70年代以来,随着景观及建筑设计思潮的飞速变化,景观及建筑绘画的进程更呈现出一种多元发展的倾向。首先,由于在景观及建筑设计风格上重新注重装饰,提倡历史主义与人情味,这就促使景观及建筑绘画中的水墨与水彩渲染表现得更为细微精致。如现代主义建筑大师赖特曾用过的彩铅表现技法在后现代派建筑设计师M·格雷夫斯与L·克里耶的建筑画中重新再现;其次是景观及建筑绘画有着向欣赏性方向发展的倾向,并逐步发展成为一种独立的绘画艺术表现形式;再有,随着当代景观及建筑设计中新现实主义、解构主义与超现实主义倾向的出现,与其同步发展的建筑绘画在表现手段上运用了喷涂、光线追踪、计算机绘图等新技术来表现高度抛光及机械加工表面的房屋效果;超现实主义的景观及建筑绘画更是将设计方案孤立地放置于另一个世界的画面中,仿佛进入梦幻一般;而进入建筑绘画领域中的表现主义与立体主义设计思潮,更是夸大与扭曲建筑的形体与环境,使空间具有戏剧性,或折衷地将诸多媒体混在一起来表现设计上的探索。

20世纪80年代以后,随着计算机的广泛运用和新的表现技法与材料的出现,景观及建筑表现绘画更是出现了专业化与职业化的趋势。计算机辅助设计系统运用诸如AutoCAD、3DMAX等设计软件,模拟出更为真实的景观及建筑内外空间环境效果来,并由此使景观及建筑表现绘画在观念上发生根本性的转变。总的来看,国外景观及建筑表现绘画的趋势可说是在向纯粹绘画表现发展的同时,景观及建筑表现绘画还被纳入景观及建筑教育的体系之中,成为景观专业必修的课程。

从20世纪初开始,西方现代建筑师的职业及其知识的传授方式就被引入中国,并被中国建筑师在学习、借鉴与不断的实践中逐步融入与消化,直至走出我们今天自己的发展之路来。同样西方现代景观设计传入中国也使中国的景观设计有了更新的发展,而景观及建筑表现绘画也随之发展,且在实践中形成了中国自己的景观及建筑表现绘画风格与系统。

二、景观及建筑表现绘画的类型、功能与特性

1. 景观及建筑表现绘画的类型

景观及建筑表现绘画就其表现类型来说,主要可分为以下三类:

其一,是依据绘图所使用的工具来分,可分为软笔画与硬笔画两类。前者主要是指用毛笔通过调色溶剂(如水、油等)进行着色的绘画,诸如水彩画、水粉画、淡彩画、国画、漆画与丙烯画等;后者主要是指用硬笔直接绘画与着色,诸如铅笔画、炭笔画、钢笔画、彩色铅笔画、马克笔画与喷笔画等。当然在具体的绘图过程中,上述工具穿插使用作画的形式更多,如铅笔水色渲染、钢笔水彩渲染、钢笔与马克笔混用及钢笔与水粉喷绘混用等形式。

其二,是依据绘图的方式来分,则可分为徒手画与工具画两类。前者多用来绘制草图,主要是记录与表达设计意图,构

思、推敲与修改方案及收集资料；后者多用于绘制各种形式的正式图纸，其内容包括建筑设计的平面图、立面图、剖面图、透视图、轴测图等，以供评审、研讨、展示、宣传及观赏所用。

其三，是依据绘图时用色与否来分，则可分为黑白画与色彩画两类。前者绘制时相对简便，效果自然朴实；后者的表现效果则更为生动逼真。黑白画与色彩画还可再次细分为素描、速写、构思草图、淡彩与重彩等表现形式，其多样的表现技法将为各种形式的景观及建筑设计构想提供丰富多彩的表现手段。

以上各种景观及建筑绘画的表现技法在具体的绘画表现中虽然各有千秋，但都可以取得生动的表现效果。只不过会有强烈与淡雅、粗犷与精细、快速与缓慢及长期与短期之间的区别。与黑白表现图相比，彩色渲染图的效果当然更为生动与逼真，也正是这样，景观及建筑绘画才越发受到设计师的高度重视。

2. 景观及建筑表现绘画的功能

景观及建筑表现绘画是一种艺术与工程技术设计相结合的艺术表现形式，它也是设计师把头脑中的计划、构想、研究等思维意图通过图示语言使其视觉形象化的方法与技巧。就其功能与作用来说，主要有这样几个方面的内容，即表达构想、推敲方案与形象展示。

（1）表达构想：通常在设计方案阶段，往往离不开对功能及空间关系的分析与反复的推敲。在这个过程中，对于景观或建筑空间形象效果的研究与评价往往起着极为重要的作用。而许多著名的建筑大师的优秀设计则常常是先从草图开始构思的，所用的表现语言也就是徒手绘画。因此，这种徒手表现手法若能练习得非常熟练，即可得心应手地将自己构想的景观或建筑空间形象绘制出来，从而传达与展示出设计师头脑中闪烁出的设计火花与灵感。

（2）推敲方案：当景观设计师或建筑师的设计构想成熟以后，就可以开始进行具体的绘制工作了。在这个过程中，要求景观设计师或建筑师能用图示语言对设计构想作反复的推敲与比较，通常要求同一项目能做出多个方案，而每个设计方案又要求能画出多个视点的效果图。这样就要求建筑师或景观设计师还必须熟练地掌握快速效果图的绘制方法，这种快速效果图多用徒手绘图，也可用工具作画，要求是快速、准确、扼要与精练。

（3）形象展示：一般在景观或建筑设计方案完成以后，为便于与他人进行交流，通常规划、设计、管理部门、建设与施工单位等均要求有一张未来建成的真实形象的效果图以供评审与参阅，由此可见表现图在这个阶段的作用是何等的重要。而用于效果图绘制的表现技法则形式多样，这样也就要求我们的设计者还需下苦功夫，练就扎实的绘画表现技法，以便在实际工作中灵活运用。

3. 景观及建筑表现绘画的特性

从景观及建筑表现绘画的功能作用可以看出，它与一般的绘画作品虽然有着许多相同的共性，但其自身的个性特色也非常鲜明与突出。其主要表现特性可归纳为以下几个方面：

（1）客观性：即指景观及建筑表现绘画的效果必须符合设计环境的客观现实。诸如建筑内外空间体量的比例与尺度等，而在空间造型、立面处理、细部表现、配景衬托等方面也都必须符合设计师构想的效果与气氛。作为表现绘画来说，应该始终把客观性这个表现特色放在首位，其次还应比其他设计图纸具有更加明确的说明性，这是由于建设部门与业主(甲方)多数都是从表现绘画中去领略设计的构想与建成后的效果。

（2）科学性：即指为了保证表现绘画的客观真实性，避免在绘制过程中出现随意更改或曲解设计的立意，故在绘制表现图中，作画者必须按照科学的态度对待画面中每个局部与细节的处理。因此，在表现图的构图、起稿、正式绘制及对光影、色彩的处理等方面，都必须遵循从透视学、形态学与色彩学的基本规律与规范出发的原则。

（3）艺术性：虽然景观及建筑表现图是一种科学性较强的工程设计图纸，但同时也是一件具有较高艺术品味的绘画艺术作品。其艺术的魅力是建立在景观及建筑表现画的客观性与科学性两个特征之上的，需要有严格的造型艺术的基本功训练作基础，诸如素描、色彩、速写能力的训练；对画面构图、透视知识与材料质感、光影表现能力的把握；对景观及建筑空间气氛的塑造及构成规律的综合应用。然而在客观与科学的前提下，对表现的对象进行合理、适度与得体的夸张、概括及取舍也是必要的。诸如对景观或建筑最佳表现角度的选择、最佳色彩配置与光影塑造、最佳的环境气氛的营建与画面构图的匠心处理等，无疑都是在客观与科学前提下展开的艺术创造，这也是景观及建筑设计本身的进一步深化与发展。

(4) 创造性：景观及建筑表现图与一般绘画写生不同，它不能对照实物去描绘，而只能以景观或建筑设计的平面图、立面图、剖面图为依据，在不违反设计意图的前提下创造性地进行工作。也正因为如此，在进行表现图练习的过程中则没必要与写生对立，尤其是在初学者学习表现图时，更应通过对已建成的景观或建筑物写生来培养观察、分析对象的能力，使其对景观和建筑形象的感受能从迟钝、缓慢逐步走向敏锐与快捷。

总的来说，在景观及建筑表现图的绘制过程中，对以上四个特性，初学者必须充分地理解，并能在具体景观及建筑表现图的绘制实践中，正确地认识及处理好以上四者间的相互关系，能在各种不同的情况下有所侧重的发掘出它们的效能来，这一点对初学者来说是极其重要的。

三、景观及建筑表现绘画的学习与训练方法

景观及建筑表现绘画是一种介于绘画与工程图纸之间的为设计师所特有的表达语言。通常从设计的草图构想到最后设计完成后的形象表现，均需要借助绘画的手段来实现。

1. 景观及建筑表现绘画的学习方法

从景观及建筑表现绘画学习的方法来看，对所有有志成为一个景观设计师或建筑师的初学者来说，选择适宜的表现绘画学习之路显得非常重要。在景观及建筑表现绘画的学习过程中，经常采用且较为实用的方法是"阶段法"，即通过一段时间的绘画基础训练后，首先要求初学者从临摹入手，在临摹优秀范例作品的过程中逐步接纳并掌握表现绘画的表现技法，训练分析能力与动手能力，并从中学习与掌握表现绘画的基本规律；其次是开始对照优秀景观及建筑表现绘画作品进行仿制(模仿)练习，这种训练是在前者的基础上更进一步的学习，其目的在于把临摹过程中所学到的表现技法运用到方案设计中去。当然这个时候的训练明显带有被动接纳的成分，但初学者最终通过这种练习，逐步会从消极转为积极，由"演习"过渡到"实战"。这种循序渐进的过程，是学习表现绘画技法整个过程中不可忽视的环节。

临摹阶段之后就可进行景观及建筑绘画创意表现的训练，这个阶段也是学习前人表现经验的最后一个阶段，它标志着初学者表现绘画的观念、技巧与实践能力进入了一个崭新的层次。这个阶段的学习，主要训练初学者能依据自己对设计完成作品的内涵、形式、构成等因素的把握，将学到的绘画技法运用到绘制过程中去，使设计作品能更加突出、更加完美地表现出设计者的创意，从而达到生动感人的艺术境界。

由此可见，表现绘画技法的学习是一个由浅到深、由简单到复杂的训练过程。而以上三个阶段的反复训练，则能促进初学者的表现技法的迅速提高。另外，在景观及建筑表现绘画中，还需做到内容与形式、风格与意境的完美统一，也只有这样，初学者的表现绘画学习才能逐渐达到更高的艺术水平。

2. 景观及建筑表现绘画的训练方法

表现绘画的学习对于初学者来说并没有什么诀窍。如果说有所谓学习的诀窍，那就是要多看、多想、多画，即意味着初学者在学习中练习数量的积累，从而由量的积累达到质的飞跃；而多看与多想，则是从感性与理性两个方面循环往复学习与训练的过程，这个过程是初学者在表现绘画达到一定水平后应用的方法。它也是具有一定表现绘画基础的设计师进一步提高自身作画水平与表现素质常用的学习方式，即以理性的思考来促

进表现绘画水平向着更高水准的方向发展。

另外，初学者在学习中除努力学习表现绘画的技法外，还要注重自身综合素质的提高，并能学会从整个现代设计领域与姊妹艺术中去吸取营养，为自己的表现绘画水平能步入自由表现的崭新天地作好充分的基础准备。

景观及建筑表现绘画是一门必须亲自动手、反复实践与勤于思考才能取得成效的表现艺术，它不仅要有充分、坚实的理论知识，而且特别需要持之以恒的刻苦训练，直至运用自如仍不肯罢休的精神。

第二节 透视基础的训练

一般来讲，各行各业都有自己的基本功训练，对于景观及建筑表现绘画而言，它是一种将三度空间转换成具有立体感的二度平面的绘图技术。因此，它需要设计师具有准确的透视制图能力与高度概括的绘图技巧，方可画出优秀的表现绘画作品来。此外，一幅好的表现绘画作品还应该体现出设计师的设计水平与综合处理能力，以及个人的文化素质及艺术修养。虽然表现画的表现方法与艺术风格多种多样，但就其基础训练来说，许多内容的练习对于初学者来讲却是共同与必须的。它们主要包括以下几个方面的训练，即透视基础、绘画基础与设计水平等内容。

景观及建筑设计是一种对空间环境的设计，其设计构想是通过画面中具体的艺术形象来展现的。而其形象在画面上的位置、大小、比例、方向的表现则是要求能够建立在科学的透视规律基础之上，若违背这种透视规律，其图像影响到人们的视觉观赏，画面就会显得失真，从而也就失去了美感的基础。因此，对于初学者来说，在表现画的绘制过程中，必须掌握好透视的基本规律，并能应用其法则处理好画面中的各种细节，使画面中的形体结构和空间关系能够准确、真实、严谨与稳定。

由此可见，初学者对透视规律的学习与把握，在其表现画绘制中所占有的位置是十分重要的。因此，要想全面研究景观及建筑的透视规律，尚需阅读一些有关透视原理的专著。这里所介绍的透视知识只是一般表现绘画所用到的基本常识与基本法则，初学者只要熟练掌握就可以了。

一、透视的基本原理

所谓"透视"，顾名思义就是在物体与观者之间假设有一个透明的平面，观者对物体各点射出的视线，与此平面相交之点连接所形成的图形即为透视图形。而透视图则是以作画者的眼睛为中心作出的空间物体在画面上的中心投影（而非平行投影）。它具有将三维的空间物体转换或便于表达到画面上的二维图像的作用。应该指出的是，若想绘制理想的透视图，就必须重视透视图的科学性，应按照透视的基本规律，运用科学的作图方法进行绘制，而不能随心所欲、任意夸张。只有这样，才能使透视图中的建筑形象真实地体现出其形体结构与空间关系。

为了了解透视的基本原理，初学者在学习透视中必须首先熟悉有关透视学中的常用术语与含义，现将其分别列举如下：

(1) 立点(SP)。作画者站立的位置(也称足点)。

(2) 视点(EP)。作画者眼睛的位置(一般在立点 SP 上部的某一点)。

(3) 视高(EL)。作画者的眼睛距基面的高度，也是视点 EP 与立点 SP 之间的距离。

(4) 视平线(HL)。观察物体的眼睛高度线，又称眼在画面高度的水平线。

(5) 画面(PP)。位于作画者与物体间的假设面，或称垂直投影面。

(6) 基面(GP)。承受物体的水平面。

(7) 基线(GL)。画面与基面的交接线。

(8) 心点(CV)。视点在画面上的投影点。

(9) 灭点(VP)。与基面平行、但不与基线平行的若干条线在无穷远处汇集的点即为灭点。

(10) 真高线(H)。在透视图中能反映物体真实高度的尺寸线。

(11)视距(D)。视点到画面的垂直距离。

(12)视高(SL)。视点和物体上各点的连线。

二、透视的基本规律

其一,凡是与画面平行的直线,透视则与原直线平行;凡与画面平行、等距的等长直线,透视也等长。

其二,凡在画面上的直线的透视长度等于实长。当画面在直线与视点之间时,等长相互平行直线的透视长度距画面远的低于距画面近的,即近高远低的现象;当画面在直线与视点之间时,在同一平面上,等距、相互平行的直线透视间距画面近的宽于距画面远的,即近宽远窄。

其三,与画面不平行的直线透视延长后消失于一点。这一点是从视点作与该直线平行的视线与画面的交点——消失点;

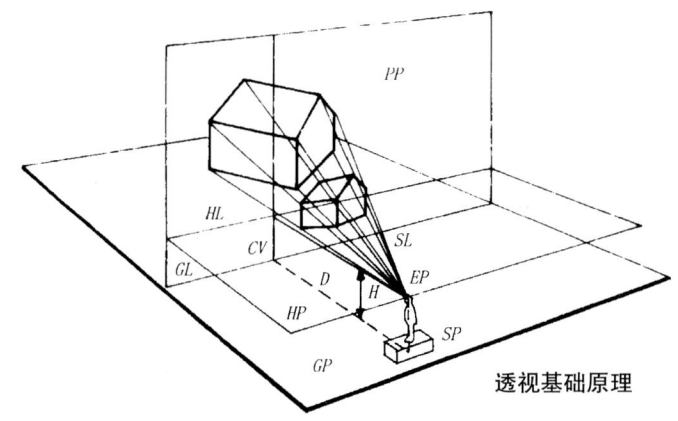

透视基础原理

与画面不平行的相互平行直线消失到同一点上。

三、透视的种类及适用范围

表现图所表达的景观、建筑及环境一般都可以简化为三度空间的立方体,由于我们观看的角度不同,在景观及建筑画中通常会出现三种不同的透视情况,现分别列举如下。

1. 一点透视

一点透视也称之为"平行透视",它是一种最基本的透视作图方法。即当环境景观或建筑的一个主要立面平行于画面,而其他面垂直于画面,并只有一个消失点的透视现象就是平行透视。这种透视表现范围广、纵深感强,适合表现庄重、稳定、宁静的空间环境,缺点是比较呆板,与真实效果有一定距离。因此,在表现纪念性较强的建筑,如纪念馆、宗教神庙、国家级的重要建筑物、政府的办公楼及大型广场等时,为了烘托出设计对象的庄重、严肃的气氛,往往多采用这种透视方法。

另外,建筑的室内空间也经常运用一点透视的方法来绘制,其原因在于一个灭点求起来方便、快捷,便于使用丁字尺与三角板等工具来作图,一般可在画面中同时表现出室内空间的正立面、左右立面、地面与顶面。但在一些较复杂的场景中,仅用一点透视的方法就不足以完整地表达各种复杂的空间关系,这时就可采用其他的透视方法来作图了。

2. 二点透视

二点透视也称之为"成角透视",即当景观空间或建筑物的主体与画面成一定角度时,各个面的各条平行线向两个方向消失在视平线上,且产生出两个消失点的透视现象就是成角透视。这种透视表现的立体感强,是一种非常实用的方法。通过它可以同时看到设计对象的正面与侧面两个面的情形,因此在多种情况下,多选用二点透视来表现。通常二点透视的画面效果都比较自由活泼,所反映出的空间接近人的真实感觉,其缺点是角度选择不好容易产生变形。正是由于二点透视具有上述一些特点,在建筑外观与室内表现中,这种透视在绘制表现画中最多,是一种具有较强表现力的透视形式。

3. 三点透视

三点透视也称之为"斜角透视",即当表现对象倾斜于画面,又没有任何一条边平行于画面,其三条棱线均与画面成一定角度,且分别消失于三个消失点上的透视现象就是斜角透视。这种透视方法由于具有强烈的透视感,因此特别适合表现体量大或具有强烈透视感的建筑物体以及景观全貌。而且在表现高层建筑的鸟瞰图时，由于建筑物的高度远远大于长与宽，这样从天空看下去，建筑物在垂直方向上就会产生强烈的透视效果，从而感觉到建筑物上面宽、下面窄。这样采用三点透视的方法来绘制建筑物的透视图，即可准确地将高大建筑物的透视关系绘制出来。否则由于视觉的误差，就会感觉到鸟瞰图中的建筑物上小下大，表现不出高层建筑的挺拔与雄伟。同时，鸟瞰图也能够比较全面的反映景观设计的总体情况。

四、透视的作图法及角度选择

1. 一点透视作图法

在画一点透视图时，一般先确定视点、视距与视高。通常来讲，视距近则视觉大，画出的透视图进深大；视距远则视觉小，画出的透视图进深也小。而视高一般按人站立时眼睛的高度来确定，其视点应避免在画面中间，应偏左或偏右一些，这样画出来的透视图就可避免呆板。另外视点与视高的确定可根据不同的表现需要来调节，若需表现丰富的地面图案，视线就可调高些，若需表现右墙的家具陈设时，则可将视点偏左一些，以便于将对象表现得更清晰与突出。

在具体作图中，要以平面与立面图作参考，先行设定PP、GL的关系，并选定SP(立点)的位置。然后设定CV(心点)的位置，把SP与A点的连线与PP的交点垂直投影画下来。同理，由SP与B点、SP与C点连线的交点画垂直线。最后将各点与心点连接透视线，即完成平行透视中基本形的作法，其他内容则可依此类推作出。

2. 二点透视作图法

在画二点透视图时，应依据构图的需要确定出地平线来，并用对角线的等分增减定好透视方格，然后利用透视方格画出整个形体的立体方块，并在此基础上寻求建筑的形体直至加工完成。

在具体作图中，通常将平面图上ABCD中的A与PP线相连，由A点向下画PP线的垂线，并在此垂线上任取一点为SP。

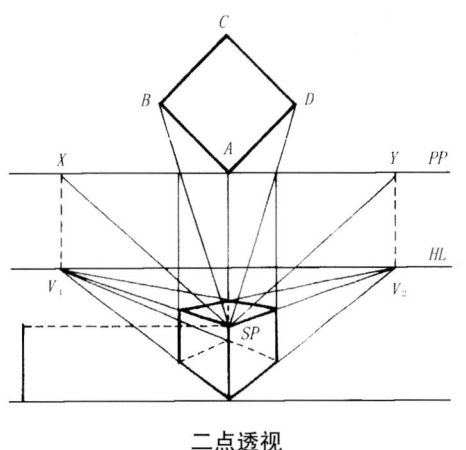

二点透视

其次，在PP线上取两点X与Y，使SP与X点的连线平行于AB，SP与Y点的连线平行于AD。于X与Y点向下画PP线的垂线，与HL线的交点分别为V_1，与V_2，即得两消失点。由ABCD各点与SP的连线在PP线上的交点画垂线。而画此垂线与SP~X线的交点与V_1点的连线，同理画其它连线，连接各

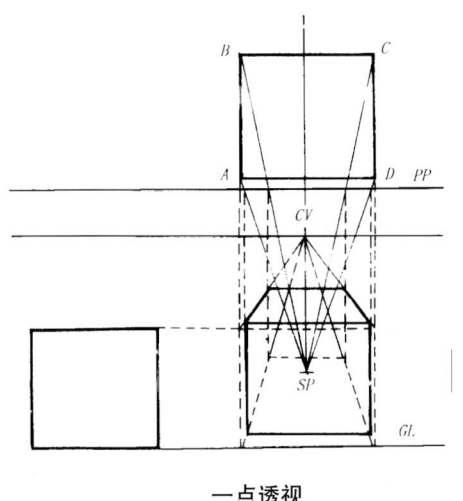

一点透视

交点,即完成成角透视中基本形的作法,其他内容则依此类推。

3. 三点透视作图法

在画三点透视时,其地平线的位置可任意选定,既可以根据表现物体角度的特殊需要将地平线的位置确定在画面以内又可以确定在画面以外,以此达到限定物体角度的目的。而且还可用这种方法来表现建筑物的雄伟与高大,以及城市环境的俯视感受与建筑物内部的俯视效果等。

在具体作图中,一般先画水平线以确定左右两个消点,取两点 A、B 的中点 M_1 画半圆。并任意取 X 作垂线交圆于 P_1,在垂直线上取 N 点作立方体最近点,连接两心点交圆周于 Y 与 Z。再通过 Y 与 Z 点,自两心点作引线延长相交为第三消点,分别以中点 M_2、M_3 为圆心,至端点的距离为半径画弧交于 P_2 与

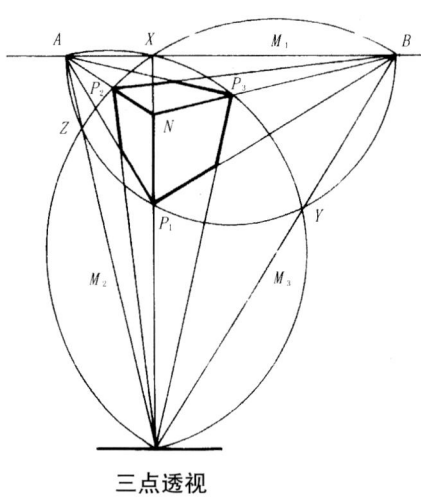

三点透视

P_3 两点,三组棱线各自往三心点作连线,则可完成斜角透视中基本形的作法,其他内容的作法也可依此类推逐一作出。

4. 透视角度的选择

景观及建筑表现画中的透视角度应依据设计的内容与要求以及空间形态的特征与效果进行选择,而合适的透视角度既能突出其表现的重点,清楚地将设计意图表达出来,同时又能在构图方面避免单调,使画画更加具有感人的魅力。就是同一设计作品,若能选取不同的角度去描绘,也会产生完全不同的画面效果。因此,在正式作图之前,应多选择几个角度与视点进行比较,并勾画数幅小草图出来,以便能从中选择最佳的透视角度。

五、作透视图应注意的问题

(1)一般来说,在透视图中主要景观或建筑物的大小略占纸面的1/3,其地面的面积应小于天空的面积,这样画面才有稳定感。

(2)建筑物左右应留有空间,以增添配景充实画面;画面中若天空的面积太大,可绘出较近的树叶进行填补。

(3)在透视图中的近景、设计对象、背景或远景三者之间,需用不同明度的形式予以处理,使画面有一定的深度感,以突出画面中的主体。

(4)对主次物体的处理应繁简得当,适量添加一些配景,诸如人、物、树、车等,以活跃画面的气氛。并且通过远近不同树木

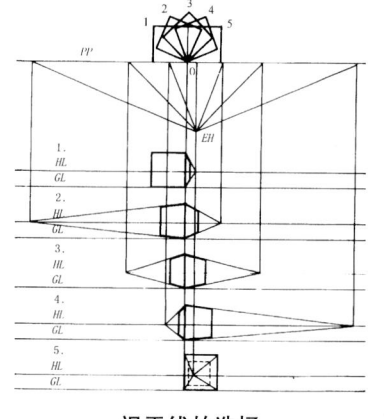

视平线的选择

的绘制,也可增强画面的深度与大小比例关系。

第三节 绘画基础训练

对于初学者来说,若想学习与掌握表现画的绘制方法,除

了需要熟练掌握透视的基本原理以外，还必须具有一定的空间造型能力与色彩表达能力，这是因为表现画毕竟是具有一定绘画基本属性与造型方面要求的。通常对于初学者进行绘画基础的训练，主要是从素描练习到色彩写生这两个基本环节入手，具体的训练内容包括素描、色彩、写生与临摹等方面的练习。

一、素描练习

素描是造型艺术的表现基础之一，也是学习景观及建筑绘画中必须首先进行训练的基础课程。而作为未来设计师成长所需要的素描练习，虽然它具有一切造型艺术共同的训练内容，但显然它与进行绘画创作为目的的素描训练是有着一定区别的。就景观及建筑设计师所需要的素描训练来说，其目的主要在于对初学者造型能力的培养，这种能力包括抓形能力、塑造能力、构图能力与形式美感等方面的内容。也就是要求初学者在素描练中要侧重于对形体空间结构的理解，而要做到这一点，初学者首先要解决的就是观察、分析，并能在画面中确定出空间各个部位的位置与比例，在这个基础上再进一步深入刻画形象的特征。可见对初学者的训练在方法上要从感性认识出发，最后落实于理性认识的提高。

素描的训练内容有以下几项：

(1)形体与结构的练习。对初学者来说，认识与塑造形象，用形象语言来表达设计是进行训练的根本所在。我们知道，一切的构成关系均是可以认知的，对空间中的实形与虚形可通过对其形状、尺度、方位及光影等诸方面的构成因素进行分析与判定来达到。

依据通常的规律，人们对物象的识别是从其表面的形状、色彩与光影入手的。设计素描在训练中要求初学者着重观察形体，忽略其光影与色彩，要求其能从外形的轮廓入手，以寻求影响外形变化的所有力点，从而寻找与外形的体、面有关的结构线。并以这些点与线为基准，按照透视变形的规律，能够从内到外、从表面到空间、从模糊到清晰地来校正其原有的外部轮廓，且在反复的观察、比较与分析中，逐步确立出三维空间的立体形态。

(2)明暗与光影的练习。当初学者能够比较准确地把握其形体空间与结构的关系时，即可在训练中逐步地加入光影，以简练的明暗关系来塑造立体感与空间感。然而设计素描通常不需要在明暗与光影的表现方面耗费过多的时间与精力，只需在图形结构线框上加以适当的明暗与光影即可，以便自然地保留形态的轮廓与结构，使画面显得更为强烈与生动。对物体与背景的明暗关系，则可采取简洁的甚至是程式化的手法，概括地表现立体感觉与层次关系就可以了。也就是说，作为具有明暗变化的设计素描，只是一种训练深化的过程而已。

(3)质感与肌理的练习。通过明暗与光影的练习，初学者可逐步运用明暗与光影的变化，在一定的范围内表现物体材料的质感与肌理特征。诸如质地坚实、表面光滑的玻璃与瓷器的釉彩、抛光的金属与有光泽的各种石材等，它们对光的接受与反射都非常敏感、强烈，其形状边缘也十分清晰；而质地松软、表面粗糙的麻毛织、原始木材与砖瓦石块等，它们对光的反射则比较缓慢，边缘也柔和得多。所有这些都可在素描练习中借助对不同物体质感与肌理的仔细分析与观察，用不同的表现技法将其刻画与展示出来。

在整个对初学者的素描教学训练进程中，应以提高学生的造型能力与设计能力为主线，才能使以上三种不同的训练形式相辅相成，直至构成训练的整体。若整个素描练习能通过这样的训练，就可使初学者全方位地接近自然，多角度地思考、分析自然，并能运用多种形式去表现自然与设计新的形态，以此获得未来所特有的思维方式与表现能力，最终达到眼、心、手的高度统一与协调，为今后顺利进入与深入设计专业的学习创造必要的基础条件。

二、色彩练习

色彩可以说是人们最容易感受到的一种美感形式，它是任何类型的绘画都不可忽视的基础训练内容之一。尤其是对于景观及建筑表现绘画的绘制来说，画面中色彩处理的成功与否，将直接关系到整个作品表现的最后效果。而要提高初学者色彩表现的技巧,还需对其进行色彩基础知识的教育,并能通过感性色彩与理性色彩两个方面的反复练习,进而达到提高初学者色彩艺术修养的目的。

1. 色彩的基本知识

所谓色彩,即指光刺激眼睛再传到大脑视觉中枢而产生的一种感觉。一般来说,大千世界中众多的色彩,归纳起来主要可以分为无彩色系统与有彩色系统两大系列。其中无彩色系列是指黑白灰色,其特征只有一个——明度。它可在黑白世界中组成高、中、低调,是素描造型的关键;而有彩色系列是指黑白灰以外的所有色彩,包括红、橙、黄、绿、青、蓝、紫等千万种颜色,其特征却有三个——即色相、明度与纯度,而这样三个特征在色彩学中又称之为色彩的三个基本属性,简称为色彩的三属性。

(1)色相。即指色彩的相貌,它是色彩最显著的重要特征。

(2)明度。即指色彩的明暗程度。明度最高的是理想中的白色,明度最低的是理想中的黑色。黑白两色之间可按不同的灰度排列来显示色彩的差别,而有彩色的明度是以无彩色的明度为基础来识别的。

(3)纯度。即指色彩的纯净程度。它表示颜色中所含有色成分的比例,若比例越大,则色彩纯度越高;若比例愈小,则色彩纯度愈低;在实际应用中,它又被称之为彩度与饱和度等。

色彩的以上三个属性是识别色彩定性与定量的标准,也是识别成千上万种颜色的科学总结。在一切色彩现象中都含有这三个要素,它们不能单独孤立地存在,只要其中有一个要素发生变化,同时必然引起其他两个要素相应地发生变化。

2. 色彩的体系

色彩比较理想的表示方法必须具有这样几个条件,即首先在其观测条件确定以后,一种色彩无论在任何情况下都应该是这种同一的色彩;其次任何色彩与其符号之间应该有着对应的关系;再者就是把所有色彩按照一定规律有秩序地进行组合,使之成为系列。而满足这些条件的色彩表示方法即可称之为表色体系,一般来讲,经常使用的表色体系有很多,但最主要的有三种。

(1)孟赛尔表色体系。这个表色体系将物体表面色彩以色相(H)、明度(V)、纯度(C)三属性表示,并按一定规律构成圆柱坐标体,即孟赛尔色立体。在该色立体上,其色相、明度与纯度的构成特点如下所述。

色相:以红(R)、黄(Y)、绿(G)、蓝(B)、紫(P)等 5 色为基础色相,再加上橙(YR)、黄绿(GY)、青绿(GB)、青紫(BP)、紫红(RP)等 5 种中间色相,再将这 10 种基本色相各分 10 个等级,共可获得 100 个不同的色相,形成一个色相环,而每个色相的第 5 号,即 5R、5RY、5Y……是该色相的代表色相。

明度:将垂直轴的底部定为理想的黑色 0,顶部定为理想的白色 10。中间依次有各种灰色(N)称之为无彩色轴,用 0、N1、N2……表示。

纯度:是以离开无彩色轴的程度来衡量的,在轴上的纯度定为 0,离轴越远纯度越高。而孟赛尔色系表的表示记号为 HY／C,即色相、明度／纯度。

(2)奥斯特瓦德表色体系。这个表色体系是将物体表面色彩以黑 B、白 W 及纯色 C 为三个要素的混合量(B+W+C= 1)表示的。它依据四原色学说,在色相环上配置四个原色,即黄和蓝、红和青绿及间色橙和青、紫和黄绿,再细分为 24 个色相,并分别以 1～24 个数字为代表。奥氏色立体是以中间垂直轴为无彩色轴,由下而上按对数刻度配置由黑至白。该色立体是由 24 个同色相正三角形所组成,由外周顶点 C 连成纯色环而形成的复圆锥体。而奥斯特瓦特色系表的表色方法为色相、白量、黑量。

(3)CIE(国际照明委员会)表色体系。这个表色体系是属于混色系的光学表示方法,也是高度机械化的测色方法。它将色刺激以 X、Y、Z 的三个虚色刺激的混合量来表示,故称之为色

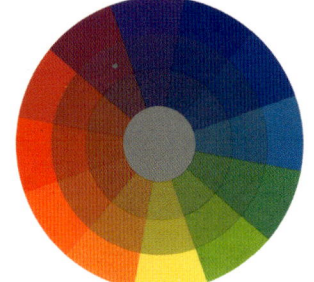

色彩的属性

度坐标。由于应用该体系使用仪器测定价格昂贵等原因,CIE表色法不能普遍使用。总的来说,在建筑内外环境设计中,运用最广的还是孟赛尔表色体系。

3. 色彩的混合

色彩的混合分原色、间色、复色。

(1)原色。又称第一次色,它包括三种颜色,即红、黄、蓝,其纯度最高,是调配其他颜色的基本色。

(2)间色。又称第二次色,它是由两种原色混合而成的,其纯度比原色要低,且将两种原色分别等量相加,即可得到橙、绿、紫三种间色。若相加的两种原色不等量时,就能调配出更多不同倾向的间色。

(3)复色。又称第三次色,当三种原色等量相加时,即可获得黑色;若是不等量相加混合即可得到复色,而复色的纯度较间色低。获取复色的方法可以将原色与间色相混,也可将间色与间色相混,另外任何一种原色与黑(或灰)相混合,也能得到复色。

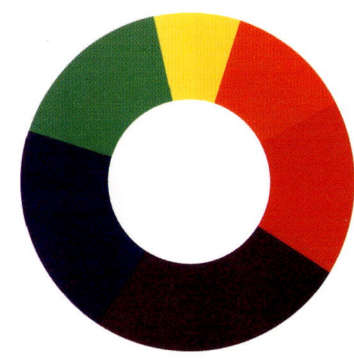

色彩的混合　　　　　色相环

4. 色彩的关系

色彩的关系包括调和色、对比色和互补色。若把三原色和每两个原色等量相加,得到的间色按红、橙、黄、绿、蓝、紫的顺序等间距排列成一个圆环,便可得到一个由色彩组成的色环。这六种颜色也是物理学家牛顿对太阳光谱进行分解后得到的,故又称为牛顿色环。在这个色环上相距60度以内的各个色彩就称之为调和色,此外的就称之为对比色,相距180度的两个颜色则为互补色。而互补色等量相加则可得到黑色,若不等量相加则可得到极为丰富的复色。

5. 色彩的变化

色彩的变化是指光源色、固有色和环境色。

(1)光源色。即指光源本身的颜色,例如阳光是白色的、白炽灯是黄色的等。而没有光就没有色彩,光源色是构成物体色彩的决定因素,若其发生变化,物体的色彩也会相应地发生变化。

(2)固有色。即指物体本身的颜色,严格地说固有色是不存在的,这是由于物体的颜色是其吸收与反射色光的能力所呈现的;反射的红光多,物体就呈红色;反射的绿光多,物体则呈现绿色等。

(3)环境色。即指周围环境对物体固有色的影响,它又被称为条件色。当物体受光源照射时就会吸收一部分色光,反射另一部分色光,当反射的光投射到邻近物体上时,就会使其固有色发生变化,色彩也就会变得更为丰富。

通过对光源色、固有色与环境色的相互关系及物体的色彩变化规律的研究,从而为今后研究所有色彩关系打下坚实的基础。

6. 色彩的感觉

色彩的感觉即指色彩所带给人们的心理感受,其内容包括以下几个方面:

(1)冷暖感。一般来说,红、橙、黄色常常使人联想到火焰的热度,因此有温暖的感觉;蓝、蓝绿、青色常常使人联想到冰雪,因此有寒冷的感觉。因此,凡是带红、橙、黄的色调都带暖感,凡是带蓝、蓝绿、青的色调都带冷感。另外,色彩的冷暖与明度、纯度也有关。高明度的色彩一般具有冷感,低明度的色彩一般具有暖感;高纯度的色彩具有暖感,低纯度的色彩具有冷感;无彩色的白色是冷色,黑是暖色,灰为中性。

(2)轻重感。色彩的轻重感主要由明度决定,明度高的色彩

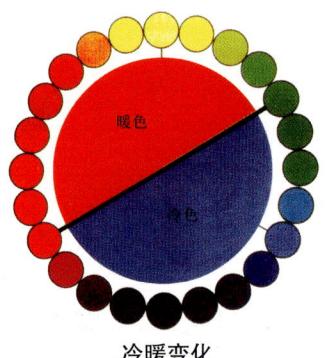

冷暖变化

色彩感觉

感觉轻,明度低的色彩感觉重。白色最轻,黑色最重。低明度基调的配色具有重感,高明度基调的配色具有轻感。

(3)软硬感。色彩的软硬感与明度、纯度都有关。凡是明度较高的含灰色系具有软感,凡是明度较低的含灰色系具有硬感,纯度越高越具有硬感,纯度越低越具有软感。

(4)强弱感。色彩的强弱感与知觉度有关。高纯度色具有强感,低纯度色具有弱感。有彩色系比无彩色系强,而在有彩色系中又以红色为最强。

(5)体量感。从体量感的角度来看,色彩可以分为膨胀色与收缩色。同样面积的色彩,有的看起来大一些,有些则小些。明度和纯度高的色看起来面积膨胀,而明度和纯度低的色则看起来面积收缩。

(6)距离感。在相同距离观察色彩时,色彩又可分为前进色与后退色。而色相对色彩的进退、伸缩感影响最大,一般暖色具有前进感,冷色具有后退感;明亮色具有前进感,深暗色具有后退感;纯度高的为前进色,纯度低的为后退色。

7. 色彩的对比

色彩的对比即指两个或两个以上的色彩放在一起,具有比较明显的差别。一般情况下,色彩对比的强弱与它们在色彩的属性上的差距成正比。而对比强烈,则易形成鲜明、刺激、跳跃的感觉,并能增强主体的表现力与运动感。在画面处理上运用色彩对比主要是为了渲染气氛,在画面中追求热烈、跳跃乃至神秘的感受,从而突出某些部分与主体,强调重点与背景的主次关系。而在对比色调的使用中应注意在面积布置上要有主从感,否则就会造成多元对比,使画面产生生硬、呆板与支离破碎的感觉。

8. 色彩的调和

使色彩具有明显的、共同的、相互近似的色素就是色彩的

明度对比

冷暖对比

补色对比

调和。其具体表现为色彩的和谐、温柔、高雅的视觉感受,且在各种色彩之间具有同一性。色彩调和具有以下几种类型:

(1)单纯色的调和。单纯色也叫同种色,是指色相相同而明度不同的一组色彩。用单纯色处理画面,很容易取得和谐的效果。但要尽量拉大色彩的距离,以防止画面过于单调。

(2)邻近色的调和。邻近色是色相环上色距未达到对比色的色彩,如绿与黄、黄绿、蓝、蓝绿等。邻近色组合在一起则画面统一,色彩更加丰富。邻近色的色距有一定的范围,通常色距较近的色彩相协调,有明确的调和性;色距较远的色彩也协调,但有一定的对比性。所有这些应根据不同的功能与要求来确定具体的使用方法。

(3)对比色的调和。对比色是色相环上两色的色距互为180度的色彩,如红与绿、黄与紫、桔与蓝,以及红与蓝绿等。对比色调和是把变化放在首位,然后再把统一的因素加上去,以取得色彩协调的效果。由于对比色的色相差较大,在对比色的调和相配时,必须要增加纯度与明度的共性,以色调的一致性来促进调和。

对于初学者来说,有关色彩的基础知识就介绍这些。作为

色彩学来说,若要进行更深入的探讨还需阅读有关的色彩学专著,以提高自己色彩方面的理论知识。

二、色彩练习的方法

掌握了色彩的基本知识后,初学者就要开始进行大量的色彩练习,而色彩练习的方法就是通过对初学者感性与理性两个方面的训练,来达到提高色彩感觉及运用色彩的能力。

1. 感性色彩的练习

培养学生敏锐的色彩感觉决非一朝一夕的事情,通常的练习方法与素描的练习方法类似,即从静物写生开始,当积累了一定的色彩感性认识与经验后,再到室外去进行场景写生。在此基础上,同样也需更进一步采用临摹、记忆默写与归纳整理等方法来提高自己的色彩练习水平,每个阶段的具体训练任务如下所述:

(1)静物写生。着重培养初学者对物体在特定光照环境下所呈现的各种色彩现象进行观察与分析的能力。诸如对光源色、固有色、环境色与空间色的认识,从概念上探讨物体色彩的冷暖变化规律,尽可能地表现出物体的质感与材料特征,并且从练习中掌握色彩在画面中局部与整体的色调对比及统一的控制能力。

(2)场景写生。在静物写生的基础上,初学者可以进行室内与室外的场景写生练习。因为是从静物写生直接过渡到室内环境写生,因此需特别注意室内空间尺度与比例透视的变化,分析各种光源对室内空间界面及家具陈设的光影效果,而在画面上要强调构图的集中,且在明暗与色彩的关系方面要有主次、虚实之分。另外整体气氛与色调是室内写生的内涵,局部的色彩变化都必须服从这个大的环境。

室外场景写生的空间则更加广阔,景物更为复杂,色彩也由于光线的变化更加丰富。这样就要求初学者在训练中要学会适当的概括与取舍,从而处理好场景与情绪的关系,处理好空间与层次的关系。

(3)作品临摹。对一些前人完成的优秀绘画与摄影作品进行临摹练习是一种非常有效的学习方法。临摹这些作品可以用成功的经验启发与帮助初学者认识色彩搭配的某些规律,吸取他人的长处。

(4)记忆默写。这是色彩练习中很有效的一种训练方法。由于没有参照物,迫使你凭借已经掌握的色彩配方,再现曾经见到过的色彩印象。利用这种方法还可以检验自己对色彩关系理解的程度,巩固已获得的色彩知识,以助于发现在写生中存在的诸多尚未解决的问题。

(5)归纳整理。这是一种高度概括的色彩训练方法。即在复杂纷繁的写生、临摹与默写作品的过程中,选取最具代表性的几组色彩来进行再创作。甚至还可突破原画的色彩,改换其色调,作抽象的变形处理,促进色彩的练习从感性向理性之间的过渡,提高色彩的组织能力。

2. 理性色彩的练习

为了适应初学者未来学习景观及建筑画或进行专业设计的需要,还需进行理性色彩的训练。而这种理性色彩的练习,主要是通过对设计色彩学的学习,用各种色彩构成的练习来增强初学者对各种调和色与对比色等色彩关系的认识;同时运用建筑色彩采集构成的方法,提高初学者色彩创造的能力,其训练任务与内容主要包括以下几项:

(1)色彩基础练习。其内容主要包括让初学者从24色相环的制作开始,从单色到复色进行训练。其后在蒙氏色立体上选择任一色相作色彩混合方面的反复练习。

(2)色彩推移练习。主要包括色彩的明度推移、色相推移、纯度推移与补色相混推移等训练内容。

(3)色彩对比练习。主要包括色彩的明度对比、色相对比、纯度对比、面积对比、冷暖对比与形状对比等方面的练习。

(4)色彩调和练习。从色相关系上来看,主要有无彩色系调和、无彩色与有彩色调和、同色相调和、邻接色相调和、类似色相调和、中差色相调和、对比色相调和与补色相调和;从明度关系上来看,主要有同一明度调和、邻近明度调和、类似明度调和与对比明度调和；从纯度关系上来看，主要有同一纯度调和、邻近纯度调和、类似纯度调和与对比纯度调和等练习。

(5)色彩构图练习。训练内容主要有色彩的均衡、呼应、主从、层次、点缀、衬托与渐变等色彩构图方面的练习。

(6)色彩采集构成练习。这部分训练对初学者来说，练习的要求较前面有很大提高，其目的主要在于进一步开发初学者对色彩的认识、分析与设计方面的能力，在教学中则将每个阶段的训练分为四个部分来进行，即色彩采集对象的认识与分析、色彩的繁化、简化及色彩的采集构成设计。而其选择的采集对象可为来自自然色彩、传统艺术、音乐与文学作品的抽象色彩启示，也可选择一些优秀的绘画、摄影作品，尤其是含有景观及建筑环境内容的作品来作为具体的采集对象进行训练，其练习效果对初学者来讲则会更为明显与有效。

作为理性色彩的练习，训练的内容与形式还有很多，最终的目的还在于提高初学者对色彩的认识与表现的能力，从而在建筑画的绘制中能充分地运用到具体的设计实践中去。

三、写生练习

这里所说的写生，即是指直接观察与表现自然物体的一种绘画训练形式，也就是所谓的"对物摹写"，以此同临摹、默写与创作等练习方式相区别。而作为绘画基础练习过程中一个重要的训练内容，写生也是学习表现图表现技法所有初学者必须长期、反复练习的绘画训练科目。

从写生练习的目的来看，它是一种规定好的、不许有任意改动的绘画训练课题，它要求初学者能对照物体进行真实、准确的描绘，从中体会物体的比例、空间、透视等关系。写生的内容包括立方体、圆球体、圆柱体与圆锥体等，可安排单个几何形体与组合几何形体来进行构图，着重对初学者从形体、明暗与空间感三个方面进行训练；其后步入静物写生阶段，内容可由简到繁，数量可由少到多，写生对象的材质也可逐渐丰富，从构图、形体、色彩与质感等多个方面对初学者进行训练；然后进入石膏头像写生阶段，内容主要包括五官石膏模型、石膏半面像(可先进行石膏几何分面像练习)到各类石膏头像的写生，最后能面对真人进行从头像到半身、再到单个人体与组合人体的写生练习。当然作为建筑及景观专业设计院校中的绘画基础练习，因学时安排的原因，到石膏头像写生后即开始转入室外写生练习了。

另外，初学者在写生过程中还应注意写生对象的透视、构图、大小、色彩、质感与阴影等造型因素的表现，作为素描写生的步骤，通常室内写生练习可按照素描绘制的方法按部就班地进行，作为室外速写来说却无什么定论，只需遵循一般作画的原则来绘制即可，只需将写生对象准确记录下来就达到练习的目的了。

就色彩写生来说，它则是使初学者获取丰富敏锐色彩感觉的一种重要训练手段，主要以水彩与水粉为表现工具，也可采用一些较快速的表现工具，如水性与油性马克笔、蜡笔与色粉笔等来进行写生练习。其对象多以静物、建筑内外与风景写生为主，其中静物写生侧重于对写生对象质感与细部表现；建筑内外与风景写生侧重于对写生主体、环境气氛与意境的表述。在整个色彩写生练习进程中，可采用单色写生与多色写生及限色写生三种方式来对学生色彩写生能力进行培养，每种写生方式的目的与任务不相同，通过教师的具体指导与初学者自己坚持不懈地练习，即可从写生的感性认识上提高其色彩写生表现的能力，进而使初学者能步入自如地使用色彩来表现主观情感与意境的天地。作为色彩写生训练的重点，一是让初学者在色彩写生中要掌握各种色相、明度、纯度倾向及色彩基调的表现方法；二是要让初学者掌握色彩对比与调和的配色方法，三是要让初学者在经过一个时期的色彩写生练习后，能够学会用记忆默写的方法对所见到的建筑内外与风景色彩作归纳整理性描绘与表达，这样对初学者色彩写生与表现能力的提高，无疑是有着非常重要的作用与效果的。

四、临摹练习

在对初学者进行素描与色彩写生练习的同时，也可根据教学的实际需要，安排初学者对一些优秀的范画作品进行临摹，使之通过对优秀作品的临摹与学习，达到提高绘画基础水平的目的。而供初学者临摹的作品可按阶段由教师为学生指定，也可由初学者自己选择。若按阶段来选择临摹的内容，可与进行绘画基础训练同步进行，即在进行素描练习的时候，选择相应的素描方面的优秀作品让学生临摹；而在进行色彩练习的时候，则选择相应的色彩方面的优秀作品供学生临摹。

此外，在学习表现图表现技法这个阶段，应让初学者先大量临摹优秀景观及建筑表现画的绘制手法，其中可选取作品中的某个局部与细部来临摹，也可选择整幅作品来临摹。在整个临摹的过程中，从范画作品的构图形式、空间安排、作画步骤、各种材料的表现方法以及作品的意韵等多个方面进行学习，由此使初学者景观及建筑绘画的表现技法能尽快地得到提高。

在临摹的过程中，还可选择一些优秀的摄影作品进行摹绘。这种方式对初学者来说要求更高，临摹的形式可成为长期作业，表现的精细入微；又可用快速表现的手段，寥寥数笔体现其神韵。此外，还可用线描结合明暗、色彩表现速写的方法，广泛地临摹与收集书刊、报纸、照片中等有用的图象，这样既能为以后的设计储存大量的形象信息，又可打开初学者绘画表现的思路，训练手与脑有机配合的快速造型与表现能力，以此打好坚实、牢固的绘画表现基础。

第四节 景观及建筑设计的水平

从整个景观及建筑表现绘画来看，一幅优秀的表现绘画作品，除了设计师有准确的建筑透视知识与相当的绘画表现能力作为基础外，最终还要看设计师自身设计水平的高低。

一般来说，若设计师的设计水平高，加上表现能力强，才能产生优秀的设计表现作品；而设计水平低，即使表现能力强，也只能是为其不好的设计遮丑而已，难以打动别人。所以归根到底，作为一个景观及建筑设计师来说，学习的关键还在于提高表现水平的基础，更要努力去提高自己的设计水平。这是因为表现能力终究还是为设计水平服务的。在学习过程中，尤其对初学者来讲切记不要本末倒置。

也正是这样，从以上学习表现绘画的三个训练基础科目来看，作为初学者要提高自己的设计表达的能力，关键还在于需要把握好对其自身观察感受能力、思维理解能力与概括表现能力的训练，并能做到上述三个能力与水平的同步发展与提高，这些才是初学者努力的目标与根本。

第二章
景观及建筑表现绘画技法

在第一章中,我们对景观及建筑表现绘画所涉及的基本问题作了分析,主要目的在于使初学者能够了解景观及建筑表现绘画的一般原理,以指导绘画的实践。本章将分别介绍景观及建筑表现绘画的技法。

在绘画中,对于一个题材,人们可以用各种手段来表现。例如可以用油画、彩墨画、版画、水粉画、素描等来画同一个题材。景观及建筑表现绘画也是这样。例如一个建筑物,我们可以用铅笔、钢笔、水墨、水彩、水粉等不同工具或颜料来表现。由于工具、颜料的性能和特点不同,所做出的表现图,不仅效果不同,而且在技法上也有许多差别。抹煞这种差别,认为只要掌握一两种绘画方法即可一通百通,其他的方法自然就会掌握了的想法是不合乎实际的。但是,过分地强调这种差别,认为它们之间有着不可逾越的鸿沟也是错误的。我们应当既要看到它们之间的差别,又要看到它们之间的联系。

景观及建筑表现绘画的种类很多,比较基本和常用的表现方法有彩色铅笔、钢笔、水彩、透明水色、马克笔五种。其中,铅笔和钢笔在技法上比较接近;透明水色和水彩比较接近。如果从用色的方面讲,则水彩和水粉比较接近。

第一节 彩色铅笔表现技法

一、彩色铅笔表现技法的特点

铅笔是作画最为基本的工具之一。由于它价格低廉、使用便利、携带方便,又易于表现出深与浅、粗与细等不同类型的线条,以及由这些线条所组成的面,因此它就成为速写与素描的重要工具。正因为铅笔作画的技法比较容易掌握,加上画起来方便快捷,而且还可以随意修改,所以设计人员多用它来作草图与推敲研究设计方案。用铅笔作正式的表现图,同样也可以取得良好且丰富的表现效果。只是仅仅使用一般的铅笔,只能表现出设计对象的素描关系,却不能将其色彩效果反映出来,这样运用彩色铅笔无疑就为设计表现提供了更为广阔的表现天地。

用彩色铅笔绘制表现图,从技法来讲它与绘制一般的铅笔表现图没有多少区别,只是彩色铅笔的表现特点主要表现在它能反映出表现图的基本色彩关系,同时彩色铅笔的颜色还具有透明性,也正是由于彩色铅笔的这种透明性质,使其在作画时能将一个铅笔的色调覆盖在另一个铅笔的色调上面,从而产生出新的色调效果。而且彩色铅笔还具有附着力强、不易擦脏、经过处理以后便于保存等优势。

彩色铅笔的不足之处在于其颜色较淡,同水彩与水粉颜色相比,除有部分彩色铅笔的颜色能达到较高的纯度外,其他多数彩色铅笔的颜色涂在纸上的饱和度均不高。

彩色铅笔色彩的变化也不如水彩与水粉颜色丰富,用线条涂成的色面往往显得比较粗糙。用彩色铅笔所绘制的表现图,同样不适应用于较大幅面,多数情况下都与其他表现技法混合使用。作为一种快速表现工具,往往能与透明水色、水彩、水粉及马克笔等工具及材料共同使用,并能为其增添更多的表现魅力。

二、彩色铅笔技法的工具与材料

彩色铅笔表现图绘制工具与材料主要包括各种彩色铅笔、绘图用纸及其他辅助工具材料等。

1. 彩色铅笔

目前市场上出售的彩色铅笔主要有12色、18色及24色装三种类型。在绘制过程中,可以利用彩色铅笔色彩的重叠,产生出更为丰富多彩的色彩效果来,此外,还有一种进口的水溶性彩色铅笔,其颜色的品种较多。这种彩色铅笔在作画时可利用其溶水的特点,用水涂色,从而在画面上取得浸润感,或用手纸及擦笔抹出柔和的色彩效果,而且可以快速地涂在纸上,并能轻易将其擦掉。

2. 绘图用纸

彩色铅笔绘制表现图的用纸比较灵活,可以用绘图纸,也可用描图纸。若用不透明的绘图纸则需将底图的轮廓描上去再画,也可将画好的底图进行复印,然后在复印纸上着色绘制。此外还可以使用各种浅色调的色纸,并能在卡纸、白板纸与牛皮纸等纸张上作画,效果也很不错。

3. 透明直尺

用彩色铅笔作表现图,除徒手绘制外,很多地方也需用直尺、丁字尺、三角板、曲线板等工具,可辅助画出各种不同的铅笔线条。其他的绘图辅助工具还包括裁纸刀、橡皮、擦笔纸与柔软的绸布,以及铅笔固定剂等用品。

三、彩色铅笔的作画要领与绘制步骤

1.作画的要领

在用彩色铅笔绘制表现图的过程中,初学者学习使用彩色铅笔作画主要依靠掌握铅笔的压力与运用纸张的肌理来控制色彩。运用彩色铅笔的压力能够影响其色调在画面上的纯度,若轻压就会产生浅淡的颜色,重压就会加强色彩的浓度。而使用铅笔的压力与纸张表现的肌理密切相关,通常纸张是由互相交织的纤维构成的,当彩色铅笔轻轻划过纸面时,彩色铅笔的颜色仅附着在纸张表面,有肌理纸张的低谷处常常就没有附着上彩色铅笔的颜色,因此纸面的颜色就浅;若用力重压彩色铅笔作画,则可在有肌理的纸面与其低谷里均覆盖上颜色,所以颜色就深。

运用彩色铅笔进行色彩混合,可以改变其色彩明度、降低纯度或提高纯度,这几种方法主要有以下方面内容:

(1)改变彩色铅笔明度的方法。首先是改变使用彩色铅笔时运笔的压力,在纸面的白色或多或少显示出来时,色彩的明度就显得亮一些或暗一些;其次用白色铅笔涂在已画好的颜色之上,可提高原有颜色的色彩明度;再者用黑色覆盖任何颜色,均会降低原有颜色的色彩明度;另外,使用一个比本色亮或暗的颜色来覆盖其他彩色铅笔的颜色,均会导致画面上色相与其明度的改变。

(2)降低彩色铅笔纯度的方法。首先可用中性的灰色覆盖已涂在纸面上的颜色来降低其色彩的纯度;其次可用黑色铅笔来覆盖,也可达到相同的效果;再次是使用一个彩铅颜色的对比色进行覆盖,不管其所覆盖颜色是否是正对原有颜色的对比色还是邻近对比色,均可降低彩色铅笔的纯度。

(3)提高彩色铅笔的纯度的方法。首先在使用彩色铅笔绘图时,可加大使用彩色铅笔时的压力,这既能提高彩色铅笔在纸面上的纯度,又能降低其颜色的明度;其次在作画时先用白色铅笔涂上底色,然后再在其上涂上想要表现的颜色,就可提高彩色铅笔的纯度;再次就是使用溶剂混合彩色铅笔的颜色,也可提高其纯度。

除此之外,还可用彩色铅笔取得各种各样的画面调子,以使彩色铅笔能获得更有艺术魅力的表现效果。

彩色铅笔的基本笔法

彩色铅笔的表现特点

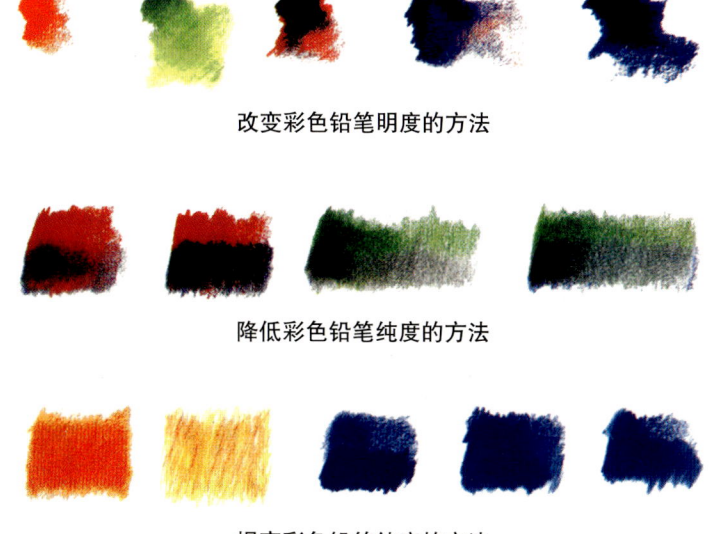

改变彩色铅笔明度的方法

降低彩色铅笔纯度的方法

提高彩色铅笔纯度的方法

2. 绘制的步骤

步骤1:构图阶段。可以用铅笔或针管笔进行起稿,注意透视要准确,用笔要流畅,先画出主体建筑的透视轮廓,再画出中景的树木以及远山,最后画出地面和前景的树木。

步骤2: 刻画明暗关系。为了使画面更加的细腻真实,在大体轮廓的基础上,用针管笔深入地刻画出整体环境的明暗关系,画明暗关系时可以用尺或徒手来进行描绘,线条要疏密得当,尽可能在这个阶段将整个画面的形体结构、空间层次与环境场所的主体内容表现出来。

步骤3:铺大色块阶段。着色时要由浅入深,先用浅绿和蓝灰色画出中景的树木,再用浅绿色刻画出地面亮部草地的大面积色彩,最后刻画主体建筑,要注意区分出建筑的明暗关系和冷暖关系,注意整个画面主体色彩的把握。

步骤4:深入刻画阶段。用蓝色和紫色铅笔刻画出远山的色彩,对画面的局部进行深入地刻画,包括建筑主体表面各种材料的固有色和环境色的关系以及质感,周围的各种配景要加强明暗的对比,增强体积关系,刻画建筑物玻璃时要注意质感和投影的表现,整体画面要保持色调的统一。

步骤5:总体调整阶段。进一步加强细节刻画的同时,整体画面要保持色调的统一,提高画面的效果对比,还应对整个画面的色彩进行调整,使其能统一在有一定倾向的色调之中。

步骤1 构图

步骤2 刻画明暗关系

步骤3 铺大色块

步骤4 深入刻画

步骤5 总体调整

第二节 钢笔表现技法

钢笔画是每个景观及建筑及设计人员必须掌握的表现技能之一,也是表现绘画技法中一种最为基本的表现形式。它是设计人员进行思维交流、设计演绎的一种表现手段,更是设计师记录设计构思与形象思维最为快捷的方法。正因为如此,钢笔画就成为初学者学习景观及建筑绘画表现语言里较早接触到的一种设计表现技法。

钢笔画所用的工具极为简便,形形色色的钢笔都可用来绘制钢笔画。如果钢笔经过特殊处理(如弯曲笔尖),以及塑料水笔、圆珠笔与签字笔等均可画出一定粗细变化的线条来。另外钢笔徒手画还便于保存,初学者经常练习钢笔画有助于提高对建筑物与周围环境以及各种生活场景的观察与分析及表现的能力。因此,初学者学习钢笔画在未来的设计表现中具有非常现实的意义。

一、钢笔徒手画的表现特点及工具材料

1.钢笔表现特点

钢笔画的绘制是用同一粗细(或略有粗细变化)、同样深浅的钢笔线条加以叠加、组合来表现建筑及环境场所的形体轮廓、空间层次、光影变化与材料质感的表现技法。为此,若要掌握钢笔画的绘制方法,初学者必须首先弄清它的表现特点,并由此尽快地掌握钢笔画的绘制技法,且用于设计实践中去。从钢笔画的表现特点来看,主要有以下几个方面的内容:

首先,钢笔画是一种快速、准确而又十分简练的表现方法。这主要是由于钢笔画工具简便、易于携带,其线条非常宜于表现景观及建筑的形体结构,且能以各种线型组成流畅与美观的画面,表达建筑立面曲折、凹凸的美感,以及利用不同的线型来表现应有的环境配景,烘托特定的空间氛围。钢笔画还是一种艺术性很强的黑白画,因此,在设计表现中也就具有许多黑白画的表现特征与形式美感。这种特点主要表现在画面中的线条组合要能体现出黑白相间的节奏感与其洒脱、流畅的韵律感。

这样在钢笔画的绘制中,就必须处理好画面构图中黑与白的布局问题,以及钢笔徒手线条、笔触与空白纸面相互烘托等关系的处理。

其次,钢笔画在诸多景观及建筑画表现形式中还具有易于掌握、画面效果易于统一的特点,因此可以使初学者在学习中不必顾及色彩等其他方面的问题,从而可以集中精力在形体塑造方面下功夫,这样在表现手法上相对来说要易于控制得多。而且作为一种具有特殊表现力的表现技法来说,一幅连续流畅的钢笔线条所形成的画面,常常本身就成为一幅构图统一而完整的表现作品,并由此传达出一种清新而高雅的表现效果来。

另外,钢笔画还是一种非常具有兼容性的表现方法,它往往在线条表达之后,其画面效果还可与其他多种表现手法结合起来,诸如与水彩、透明水色、彩色铅笔、水粉与马克笔等工具与材料,从而形成钢笔淡彩与钢笔重彩等多种表现技法结合的、具有综合性特色的表现形式。

除此之外,钢笔画还可用复印机复制与缩放,便于收藏与保存。因此,在素材收集、草图构思与方案表达上,均提供了一种十分便利、快速的图示语言与表达形式。

2.工具材料

用于绘制钢笔画的工具材料非常简便,它们主要有以下几种:

(1)钢笔。钢笔是绘制钢笔画最主要的工具,而常用于作钢笔画的钢笔主要有笔尖弯过的美工笔、普通钢笔、绘图笔(又名针管笔)、小钢笔、塑料笔、签字笔与自来水笔等。此外还有使用羽毛杆、硬芦杆、细竹管削成尖头或扁头作画的各种作画用笔。而笔尖弯过的美工笔与小钢笔画出的线条有粗细变化,且富有弹性;用普通钢笔、绘图笔及签字笔画出的线条则挺拔有力,并具有一定的装饰效果;用塑料笔作画不仅具有钢笔徒手画的特点,而且还可产生相应的色彩效果;至于使用自来水毛笔与羽毛笔所作的线条画,则可取得许多特殊的画面效果。

(2)墨水。绘制钢笔画所用的墨水有两种。一种是黑色的碳

素墨水,这种墨水乌黑而有光泽,且干后遇水不化,主要用来勾勒画面中的形象。这种碳素墨水细腻,适合于所有作画的钢笔。对于绘图用的针管笔来说,生产厂家有专门配套的碳素墨水与之配套,如上海的"英雄"牌与从德国进口的"红环"牌绘图笔,均有其专门配套的碳素墨水用于绘图;另一种是普通的书写墨水,有蓝色、蓝黑色、黑色、棕色与红色之分,而为了寻求一些特殊的画面效果,有时也使用一些遇水会发生晕化的墨水。

(3)纸张。用于绘制钢笔画的纸张,一般都要求选用表面光洁、质地坚硬且吸水性不强的纸张。诸如绘图纸、速写纸、复印纸、白卡纸、白板纸及制图用的硫酸纸,也可以使用素描纸、水彩纸、宣纸、高丽纸及染有浅色的各种纸张。使用白纸作画,其画面色调明朗、黑白对比强烈;使用色纸作画,则可取得柔和典雅的效果,并还会获得一些意想不到的画面效果来。

(4)附带的工具。绘制钢笔画除了以上这些工具材料,外出写生还可携带速写本与画夹等。速写本有各种不同的型号,有商店出售的,也有自制的;而用画夹绘制,其纸张可仅为画夹大,也可绘制超大纸张,在画夹上分段绘制等,可见作钢笔徒手画的形式与方法多种多样。另外还有用小钢笔蘸取墨水的墨水壶、削刀等物,若作画中需用,还可准备一些布条、海绵等,以用于画面特殊效果的处理与制作。

二、钢笔画的线条组织与局部表现

1.线条组织

钢笔画的绘制是依靠线条的组织与运笔的处理所构成的明暗色调来表现建筑的。因此,线条的组织与运笔的处理也就成为钢笔画表现建筑最基本的技法。对于初学者来说这些技法需要通过一定时间的练习与实践,逐步熟悉与了解钢笔徒手画的作法与特点,才可以最终达到运用自如的程度。

从钢笔画的表现技法看,它主要通过各种钢笔徒手线条的排列与组合形成丰富多彩的画面效果,在具体的画面处理中,既可用线条来勾勒与表现不同物体的外形轮廓与形体结构,也可用线条的疏密排列来表现建筑物的凹凸造型与明暗光影,使整个画面更加具有立体感觉。由此可见,线条在钢笔徒手画的表现技法中是最为重要的造型因素与表现语言,对初学者进行钢笔徒手画的表现技法训练,也是从各种不同形式的线条组织与变化多样的排线练习开始的。

总的看,绘制钢笔徒手画的线条种类繁多,归纳起来主要有单线与交叉线两种。在单线中又有长短、粗细、曲直、刚柔与虚实等不同的线条表现形式;在交叉线中则有规则与不规则的排线组合与叠加形式,若用于对初学者的基础练习,则可分为以下不同类型与内容。

(1)钢笔线条的运用与基础练习

①线条运笔练习。学习钢笔画的绘制,首先可从简单的直线线条与曲线线条的练习开始。在练习中应注意线条的运笔速度、运笔方向及运笔的力量。从运笔速度看,应保持均匀,且宜慢不宜快,停顿应干脆;从运笔方向看,要求从左至右绘制水平线、从上至下绘制垂直线以及左右斜线;从运笔力量看,在作徒手线条中要用力适中,保持平稳。

经过一段时间的反复练习,初学者可开始练习绘制有变化的徒手线条,即在画线中用力可由重到轻及由轻到重。另在运笔中手的支撑点选择也有三种情况:一是以手掌一侧或小指关节与纸面接触的部分作为支撑点,以适合于作较短的线条,若线条较长,则需分段作出,而在每段之间可断开,以免搭接处变粗;二是以肘关节作为支撑点,靠小臂与手腕运动,并辅以小指关节轻触纸面,可一次作出较长的线条;三为将整个手臂与肘关节腾空或辅以肘关节与小指关节轻触纸面作更长的线条。此外,在直线线条运笔练习的基础上,还要求对初学者进行曲线线条的运笔练习,并能通过训练逐步画出用力均匀与用力有变化即由轻到重及由重到轻的弧线线条来。其他还可进行不规则的折线、乱线与点、圈、圆等内容的徒手线条练习,这些都是钢笔徒手线条图中最常用的内容。

②线条组合练习。钢笔徒手练习通过组合与排列线条即可

以产生不同的画面效果，这是因为线条通过不同形式的组合与排列以后，其残留的小块白色底面能给人们带来的丰富视觉印象所至，并且在钢笔徒手画中可以利用它们来表现景观和建筑及其环境的明暗光影与材料的质感。而线条的组合与排列练习却是初学者在线条练习中更深一步的训练内容，它主要包括有直线线条与曲线线条的组合练习与训练，其中直线线条的组合练习要求初学者掌握直线线条的组合与叠加等形式的绘制方法；曲线线条的组合练习则要求初学者掌握曲线线条的叠加、不同形式曲线的组合与点及小圆圈的组合等形式的绘制方法。初学者要想作出一手漂亮的徒手线条，就应该尽可能地利用每天的闲暇及零碎的时间进行大量的练习。只有通过长时间的练习，方能掌握手中的钢笔，并做到运用自如。

(2)钢笔线条的光影与明暗练习

从钢笔徒手线条看，它本身并不具有光影与明暗的表现能力，只有通过线条的粗细变化与疏密排列才能获得各种不同的灰色块，表达出形体的体积感与光影感。一般来说，线条较粗、又排列得较密的色块就深，反之则浅。而在深浅之间则可采用分格退晕与渐变退晕的方法来进行过渡处理，且用不同形式所构成的退晕效果，给人的视觉印象则是各不相同的。它们主要由直线、曲线、点与小圈等内容所构成，其具体的选择与绘制要领如下所述：

①应根据光影变化来组织线条的疏密，从而形成由明到暗、由浅到深的退晕效果；

②应根据不同材料的表面特征与质地来选择恰当的线条组合内容，诸如草地就宜采用连续的直线表示；平坦的表面就宜采用平直的直线表示；而石块或抹灰墙面则宜选择直线或散点来表示等。由此可见用退晕变化的形式是可以进一步丰富人们的视觉印象的；

③在同一画面中，同一类型的表面，其光影变化采取的线条组合与排列方式应尽可能统一，否则将使画面产生不协调的感觉，从而失去光影退晕与明暗变化所特有的艺术表现魅力。

用钢笔徒手线条进行画面中局部的表现与刻画，主要包括画面中建筑细部和景观设计细部的材料质感与各种配景的表现等。

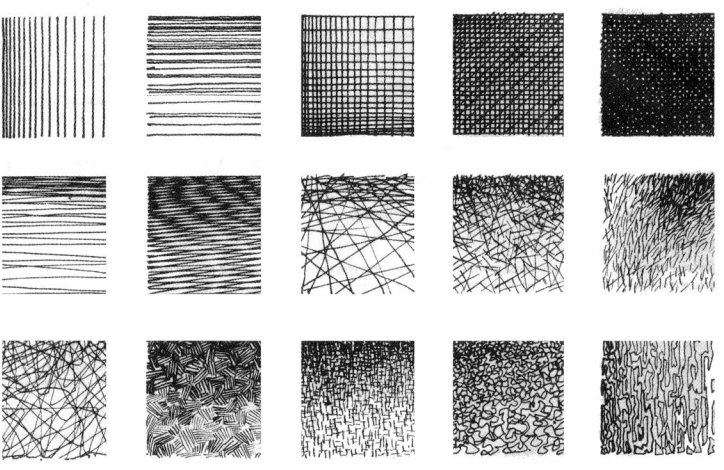

线 条 练 习

2.局部表现

(1)材料质感的表现

对各种不同的建筑构造与材料质感的表现，钢笔徒手线条都有相应的用笔与组织方式。诸如各种各样的墙面与路面、各种造型的屋面、玻璃门窗、石块、木材、草地、水面与地毯等等，均可用形式多样的钢笔徒手线条组合与排列形式将它们的材料质感充分地表现出来，而不同的表现对象有着不同的表现技法，但基本上讲，在钢笔徒手画的绘制中可归纳出以下几类：

①建筑墙面的表现。现代建筑外墙的各种材料可以说是种类繁多。若墙面为清水砖墙，在表现时一般适宜用水平线条绘制，而范围不大的砖墙则可用细水平线来画。通常暗面的线条应较密或较粗，亮面的线条应较疏或较细，如果遇到范围较大的砖墙墙面，则要用概括的方法来处理，即在砖墙的转角处适当画出几块红砖，其他则可概括性地处理。

若墙面为抹灰墙面，一般颜色较浅，故不适宜用线条来画，尤其是在亮面的处理上，更要保持一定的明度。在这种情况下，就可以用点的疏密来分面，也可利用分块线条的轻重与虚实来分面。如果认为这样表现还不够充分，则可在局部转角的地方加上一些装饰性的线条，就可取得十分良好的效果。同时，现代建筑外墙及内墙的材料还有用大理石与花岗岩贴面、涂料刷饰与裱糊墙纸与墙布、干粘石饰面等等做法，所有这些都要求初学者在掌握前面两种墙面画法的基础上，再进一步去观察与分析各种墙面的材料质感特征，寻找到适宜的钢笔线条表现方法。

此外，若画一些乱石墙面也应用概括的方法绘制，即在墙

向的，对于这类屋面的画法，主要是通过对屋脊与檐头的刻画来显示瓦垄起伏。若屋面为小青瓦，则可用弧线来概括表现。其他一些新型建材做成的屋面，也需要注意观察其造型与纹理，用适宜的线条来描绘。

③建筑门窗的表现。这种材料的表现对于钢笔徒手线条的绘制没有什么特殊要求，只需将其造型与结构关系交待清楚，并将明暗关系表达准确就可以了。

④其他建筑材料的表现。木材可按照它的纹理来绘制；草

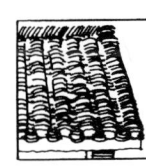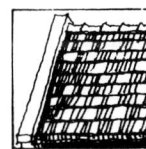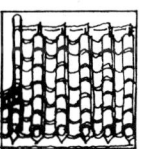

各种屋顶瓦垄材料的表现

地的表现则可用短小的竖线、疏密相间的小点来处理；水面可用特有的平直线条与波纹线条，以及一些短小直线来表示；地毯则可以依据其图案与质地，分别用直线与曲线来表现等等。

（2）配景的表现

不管是用何种表现技法绘制的建筑画，描绘的都是处于真实环境中的建筑物，因此除了画好建筑物以外，还要画好建筑物所处环境中的建筑配景。环境中的建筑配景所涉及到的内容很多，主要包括树木、山石、人物、交通工具等，都可起到丰富画面表现效果的作用。然而作为建筑表现画来讲，它所表现的主体还是建筑，因此对建筑配景的绘制要求的层次就不能太多，许多东西仅有一个轮廓就够了，如果过细地刻画配景，难免会喧宾夺主，使该得到突出的建筑物得不到突出。所以在对初学者进行建筑配景表现的练习时，首先就必须弄清这个关系，以免在作画中出现本末倒置的情况。

①树木的画法。自然界中的树木千姿百态，有的颀长秀丽、有的伟岸挺拔，各具特色。而各种树木的枝、干、冠的构成与分枝习性决定了各自的形态和特征。因此学习画树时，应先学会观察各种树木的形态、特征及各部分的关系，了解树木的外轮

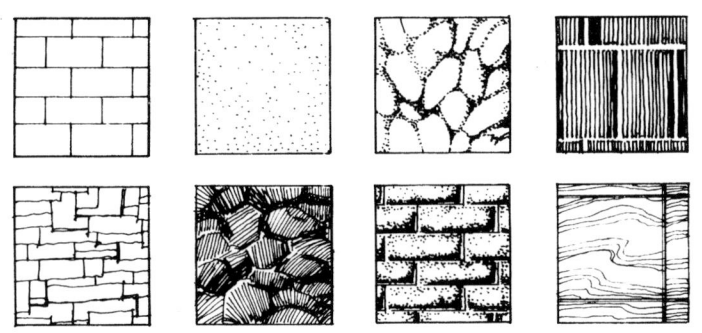

各类建筑墙面材料的表现

面醒目之处，如转角与明暗交界线及暗部着重刻画出一些石块，其余的部分则可模糊下去。对于画石块来说，在线条上的组合要比画砖块复杂得多，这样就不能简单地用一个方向的线条来表现了，否则就会显得单调与呆板，缺乏钢笔画应有的表现活力。

②建筑屋面的表现。不同的建筑有着不同的屋面形式，用钢笔徒手画来表现也就有不同的线条绘制方法。如人们通常见到的陶瓦与水泥屋面，因水平的接缝比垂直的接缝明显，故基本上适合于用横线条来绘制，其线型也应该相应粗一些。并且在绘制时，线条本身应有起伏变化，以表现瓦棱的凹凸与质感，通常用波纹线来表示；若屋面为筒瓦与琉璃瓦，因为瓦垄是竖

廓形状,以及整株树木的高宽比、干冠比,还有树冠的形状、疏密与质感,掌握冬季落叶树的枝干结构,所有这些对于树木的绘制无疑是很有帮助的。

用钢笔徒手线条表现树木有三种处理形式,即写实的、图案的与抽象变形的。其中写实的表现形式比较尊重树木的自然形态与枝干结构,冠叶的质感刻画得也比较细致,显得比较逼真;图案式的表现形式比较重视树木的某些特征,如树形、分枝等,并加以概括来突出图案的效果,因而有时并不需要参照自然树木的形态而可以很大程度地发挥,而且每种画法的线条组织常常都是程式化的;而抽象变形的表现形式虽然也较程式化,但它加进了大量扭曲与变形的手法,使画面出现别具一格的效果。

画树应先画枝干,枝干是构成整株树木的框架。画枝干则以冬季落叶乔木为主,绘制时应注意枝与干的分枝习性,而分枝应讲究其粗枝的安排、细枝的疏密及整体的均衡。画主干应讲究布局安排,以力求使重心稳定、开合曲直得当,并且添加小枝后可使树木的形态栩栩如生。树干较粗时,可选用适当的线条表现其质感与明暗,质感的表现一般应根据皮的裂纹而定,例如,白桦的横纹、柿树的小块、悬铃木的大片等等。树皮粗糙的线条要粗放、光滑的要纤细,树干表面的节结裂纹也可用来表现树干的质感。另外,还应考虑树干的受光情况,把握其明暗分布的规律,且将树干的背光部分、大枝在主干上产生的落影以及树冠产生的光斑都表现出来。

树木的分枝习性与叶的多少决定了树冠的形状与质感。当小枝稀疏、叶较少时,树冠整体感差;当小枝密集、叶繁茂时,树冠的体积感强,其质感可用短线排列、叶形组合或乱线组合法表现,其中短线法常用于表现松柏类的针叶树,也可表现近景树木与叶形相对规整的树木;叶形与乱线组合法常用于表现阔叶树,其适应范围较广,且近景中叶形不规则的树木多用乱线组合法表现。因此应根据树木的种类、远近、树叶的特征等选择钢笔徒手线条的表现方法。

②山石的画法。山石是建筑表现画中经常遇到的表现对

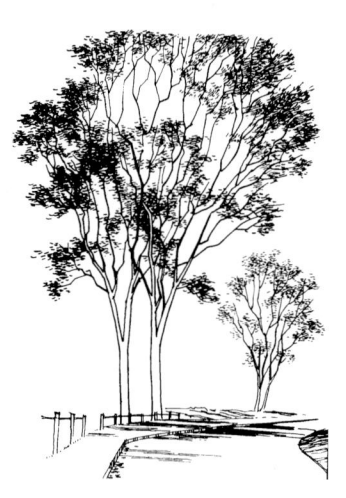

象，一般在绘制建筑配景中常与树木结合在一起来表现。因此，初学者在绘制前对其一些基本要点应有所了解与分析。而通常在具体的画面表现中，山石的绘制主要分为远景与近景两种形式。

山石表现的方法分别为：a.远景中的山石表现。一般绘制远景中的山往往不画山脚，这是因为有大气、云彩的原因。用钢笔徒手线条表现远山，主要是要把握山石的形体关系与山势的起伏，抓住大的轮廓与气势来描绘远景中的山石即可。b.近景中的山石表现。诸如近景中绿地上置放的各种假山石块，以及河岸与一些特殊环境中的各种石山、石墙与石块等都属于其表现的范畴。绘制时多用线描的方法将其山石的造型准确地刻画出来即可，通常也不需画上阴影，以免使整个近景显得零乱，从而使画面的整体感受到影响。

③人物的画法。在建筑画中适当地点缀一些人物，可以借

助人物的比例了解到建筑物的空间与尺度的关系，同时还能为画面增添生动活泼的气氛。需注意的是，在建筑画中，人物的动作不宜太大，并要适当地图案化，而且所绘的人物要做到比例合适、姿态端庄稳定、服饰要与季节与地区相符、大小比例应符合透视规律等。所有这些人物绘制的要领，作画前初学者都要认真领会，以便在实际绘制中能灵活地运用与掌握。

对于初学者来讲，人物的画法是比较难于掌握的，故绘制前最好能经过较长时间的练习，并能绘制大量人物动态速写来丰富头脑中人体形象。此外还可选择与临摹各种建筑画中人物的范例，整理出一套备用的人物配景资料出来，以满足绘制各种表现画时选用与参考。

④交通工具的画法。在表现画中，交通工具也是主要的配景，它包括有车辆、船舶与飞机等内容。用钢笔徒手线条绘制各种类型的车辆，首先必须理解车辆的几何形体结构与其组合、衔接的关系。诸如就小轿车来说，可将其车身理解成是由两个不同大小的立方体组合而成的，车轮则是由圆柱体组合的。在描绘时应先画准几何形体的比例、透视，然后再深入画出它的细部。另外在作画时还可借用各种制图工具，以便能画出流畅的线条与挺括的形体来。在表现画中，配景的内容还有许多，这就要求初学者在掌握上述常见配景画法的基础上能更加深入地了解生活，以使所绘出的表现画的环境特征能更为明显，从而使表现画的表现力能更好地得到体现。

三、钢笔徒手画的构图原则与作画要领

1.构图原则

所谓画面的构图，就是指在画面中如何处理好各种关系，而一幅画是否完整统一，在很大程度上也取决于画面的构图形式。而钢笔徒手表现画的绘制同样要在具体的作画过程中遵循画面构图的规律。

在绘制钢笔徒手写生画时，当我们面对写生景物，首先遇到的就是选择景物中的哪一部分来描绘，然后又怎样安排画面上的布局，所有这些就构成了取景构图的全部内容。而绘制钢笔徒手画，虽然与景物写生有所不同，但在作画之前也应根据所要表现的建筑形象特点来考虑画面构图问题。由此可见对于初学者来说，掌握作画的构图规律与基本原则，同样是作画前必须弄清的问题。从钢笔徒手画的绘制特点看，其构图原则主要有以下几个方面：

①从整个画面的范围来看，设计对象作为其表现的主体，在画面中所占的大小要合适。如果设计对象在画面中所占的范

围过大，常常会给人们一种拥挤与局促的视觉印象；反之，设计对象在画面中所占的范围太小，又会给人一种空旷与稀疏的视觉印象。

②从设计对象在画面中的位置看，设计对象过于居中会使人感到呆板，但过于偏向两侧又会给人带来主题不够突出的感觉。因此一般要把设计对象安排在画面中线略偏左侧或右侧一些，特别是在设计对象的正面留有较大一些的空间，给人们的视觉感觉就会显得舒展与顺畅。

③从设计对象所处地平线的高度看，设计对象所处的地平线应依据表现对象的实际需要来定，一般视线定得高，看到的地面就多；视线定得低，看到的地面就少。通常地面不宜画得过大，这是因为过大的地面不仅难以处理，并且还会削弱设计对象作为主体在画面的表现效果。

④从配景的处理看，配景在画面中的布局处理也会对构图产生较大的影响。诸如在画面的正中画上一棵树，或是画一根电线杆，就会将整个画面一分为二，从而破坏了整个画面的完整性与统一性；而在不对称的画面两端画上两个等高的设施，又会给人带来呆板的视觉感受。此外还要考虑整个画面的平衡问题，这是由于一般表现图的画面中的物体都是近大远小，故在画面两端不采取措施进行补充，整个画面也会出现轻重悬殊的现象，并使画面失去平衡感。而且利用配景还能丰富画面中的轮廓线，以使画面的构图在其内涵上能更为深厚。

对于表现画的构图原则，初学者在练习中一定要灵活地掌握，不可机械地理解与照搬，并用来解决构图中所遇到的一切问题。在建筑表现画中，由于表现对象的不同，画面的构图也是千变万化的，因此在作画前，就应当多作一些画面构图的小样来进行多种方案的比较，以寻求最佳的构图形式来进行画面的表现与具体对象的塑造。

2.作画要领

绘制钢笔徒手画往往是看似容易作时难，如画面中线条的运笔是否流畅、排线是否均匀、画面构图是否鲜明与完整等，均会直接影响其画面的造型、色彩与布局效果。正是这样，初学者在学习钢笔徒手画的过程中，应首先了解与领会钢笔徒手画的作画要领。虽然有不少设计师是在长期的作画实践中边干边学，渐渐领会作画的要领，并逐步达到熟能生巧的地步。但那样显然是要走许多弯路的，这里就归纳总结出的几点钢笔徒手画作画要领予以介绍。

①绘制钢笔徒手的线条时运笔要放松，一次只能作一根线条，切忌将一根线分成诸多小的线段，并来回往复地描绘。

②在绘制钢笔徒手画中，遇到过长的徒手线条可将其断开分段绘制，但切忌在两根线条搭接处出现小点。

③在绘制钢笔徒手线条时，绘制直线若不易画直，可局部小弯，但求整体平直。

④用钢笔徒手线条绘制建筑物的外轮廓、转折等位置，可适当加粗线条，以示强调处理。

3.绘制的步骤

步骤1：勾画大体轮廓。在进行钢笔表现画的绘制时，可先用铅笔将要表现对象的大体轮廓勾画出来；在进行画面构图布局的同时，还需要进行仔细的观察与分析，明确其表现对象的比例关系与透视关系。如果遇到结构比较复杂的设计对象，还要画出其设计对象的部分透视灭线与灭点作辅助，以使设计对象的轮廓线能勾画得更准，并符合透视的变化规律。

步骤2：绘制整个画面。在勾画大体轮廓的基础上，用钢笔徒手线条或工具线条将所需表现的主体建筑及环境场所的整个画面绘制出来。在这个过程中应注意把握线条的轻重缓急与前后、穿插、转折等关系，并尽可能在这个阶段将整个画面的形体、空间与环境场所的主体内容表现出来。

步骤3：局部细致刻画。各个局部的细致刻画要求能够一次完成，为此在落笔前就必须仔细观察所刻画的表现对象，比较其前、中、远景物的明暗及层次关系，准确地选择出所使用的线条与笔触。画面上哪个部分先画与后画，要从整个构图的需要出发，从而做到胸有成竹、有条不紊地进行。另外，在局部刻画中还要时刻考虑其与整体的关系,以便于整个画面关系的把握,最终能做到整体之中有深入细致的刻画内容。

步骤4:画面整体刻画。在完成局部刻画以后,就要对整个画面进行整体的调整与处理,以使各个局部之间的关系能够更加协调。画面的调整要从整体出发,通过对画面黑白关系的调整以使画面更为完整。

步骤5:画面整体完善。在完成整体刻画以后,还应整体观察画面效果,对在画面中该黑的地方进一步加深,将该亮的地方进一步提亮,诸如用刀将一些影响整体关系的废线削去,或划出一些白线、白点,以减弱其深色块的明暗程度,由此来加强画面的对比与整体效果。

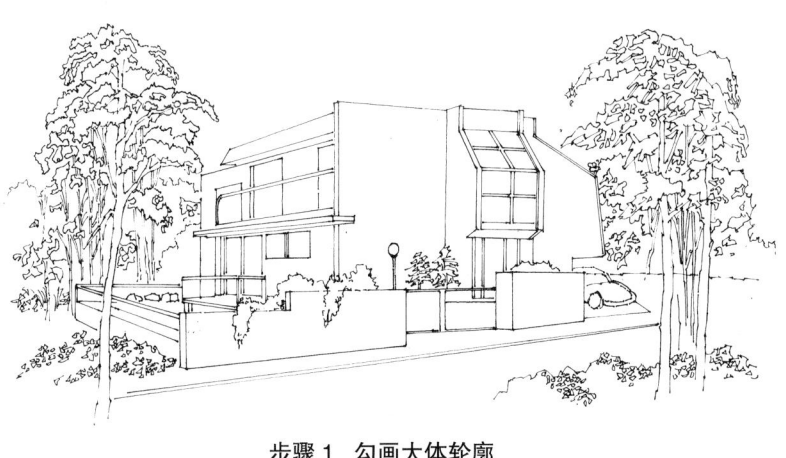

步骤1　勾画大体轮廓

步骤2　绘制整个画面

步骤3　局部细致刻画

步骤4　整体刻画

步骤5　整体完善

四、钢笔画的各种表现风格

钢笔画的绘制，常常会因绘制者的个性不同与作画工具的差异，呈现出多种多样的表现风格与作画方式。但是不管其表现风格与形式怎样变化，归纳起来基本上可以概括为线描画法、明暗画法与综合画法三种形式，现分述如下。

1.线描画法

从钢笔画的特点可以知道，线条是表现画中最基本的造型手段之一，而一般人们将运用钢笔线条的各种变化来表现物象的绘画方法称之为线描。而在其具体的表现之中，任何物象只要我们对它进行仔细的观察与分析就都可以清楚地把它分解成为两个方面，其一是它的外部轮廓，其二是它内部的凹凸转折。所谓线描，就是用线条把这两者描绘下来。由于它具有清晰、明确的表现特点，所以在钢笔表现中，线描画法是最为普遍的方法之一。

用线条作画本来是一种原始的方法，几乎所有的古代人最初都是用线条来描绘形象的，这是因为当时没有别的表现技巧。只是到了后来在西方绘画中出现了着重明暗、光影、色彩与体面的表现(不排斥使用线条)方法。东方绘画则继续发挥其线条特有的表现功能，并将其发展到一个极高的表现水准以后，才有我们今天所见到的具有这样明显特征的线描画法。

线描这种表现手法在绘制过程中舍去与削弱了表现对象在光影、明暗对其所造成的复杂关系,专门用线条来表现物象与空间的交接边缘(即外轮廓),并用线条来表现其面与面的交接、过渡与衔接(即内部关系)。为此应细心地观察与体验,注意其线条的来龙去脉,线与线是怎样交叉、衔接与上下、左右及前后的关系又是怎样的,并通过运笔的快慢、顺逆、顿挫、圆转方折等准确地将其所绘物体的形象特征表现出来。

在钢笔徒手线描画法中,表现其物象的质感也要靠运笔来达到。诸如利用线条光滑、运笔平稳的实线来表现质地坚硬的感觉,利用线条疏松、运笔轻快的虚线来表现质地松软的特征。而在运笔中转折带方形表示硬,运笔中转折带圆柔表示软,运笔慢而顿挫表示其稳固,运笔平而均匀则表示严谨等等。

以线描为主的表现手法,除了要注意运笔的方法外,还要研究线条的组织方法。通常单独的一根线不成形,一条线画得再好也只不过是一条漂亮的线,不能反映出任何形象,只有当几条线在一起时,才能构成完整的形象。为此在这些线条中哪些是主要的,应该强化;哪些是次要的,应该减弱;哪些是偶然的,应该舍去。所有这些都要从画面整体上考虑,使之在形体的表现中能充分展示出自身的表现魅力。而线条疏密的组织方法本来没有一定程式,若单纯从方法上寻找是不会得到满意答案的。

2.明暗画法

用明暗表现物象也是钢笔徒手建筑画中最为基本的造型手段之一。由于光线的作用,物体在光照条件下即能产生出不同的明暗层次,或称明暗调子,它是由不同强弱的光源投射到物体上时,因其照射的远近、角度与物体吸收光线能力的不同等诸多因素所决定的。因此无论光线怎样变化,出现在物体上的明暗调子始终应服从物体的形体结构。所以在用明暗画法来绘制钢笔徒手画时,一定要了解被表现对象的形体结构,同时还需理解其明暗表现的基本规律。

一般来说,物体在光线的照射下,光亮的部分表示明,阴影的部分表示暗。但我们却不能简单地认为凡是受光的部分都是一样的明亮,凡是不受光的部分都是一样的灰暗。从客观现实存在的种种现象

表明,明暗的变化是复杂的,受光的部分往往会因为受光条件的不同而有最亮与次亮之分;不受光的部分也还会因反光的作用而有最暗与次暗之分。所有这些最亮、次亮、暗、反光等,再加上自亮转化至暗的明暗交界线,就是素描中所讲的三大面与五个调子。

所谓三大面,是指一个物体在光照条件下所呈现的三个面,即受光最充足的亮面、侧对着光的次亮面与背着光的暗面。而五个调子,是指一个物体在光照条件下由于各个部分受光的情况不同,从亮到暗的变化关系:由次亮到最亮(称为高光),又由最亮到次亮,紧接着为由受光部分转至不受光部分的明暗交界线,然后便是不受光的暗面,最后再由于反光的作用又使暗面变得稍亮。这种由次亮、最亮、明暗交界线、暗面与反光五个

部分所组成的明暗变化关系,即是素描中所讲的五个调子。在表现画的绘制中,初学者只有把握住明暗变化的这种规律,才能充分地在画面中表现出设计对象的体形转折与空间关系。但是由于各个画种及其使用工具与材料的差异,表现这种规律其深入的程度则有所不同,尤其是对于钢笔徒手画来说,就远不如铅笔画与碳笔画表现得那样深入与细腻,且将其物象深层次的明暗变化关系都表现出来。

第三节 水彩表现技法

水彩渲染图是表现绘画中一种特有的色彩表现方法,它是从水彩画的绘制中发展起来的色彩表现技法之一。而水彩画主要是以水为媒介,调配专门的水彩颜料并画在特定纸张上的一种绘画方式,它作为西洋画法传入中国已有200余年的历史。由于水彩画的绘画工具简便、表现力强,并能在很短的时间内描绘出生动流畅的画面效果,给人以美好的艺术享受,故受到很多人的喜爱。加上水彩画在表现技法上同中国的水墨山水画、花鸟画有相通之处,所以水彩画引入中国后,其表现技法很快被国人掌握,并在此基础上进一步地发展,使其形成了有我们自身特色的水彩画表现技法。

一、水彩渲染图的表现特点与工具材料

1.表现特点

水彩渲染图是一种传统的表现技法练习,也是一种难度较大的基本功练习形式,依靠的是"渲"与"染"的手法来表现空间环境,其表现特点主要包括以下几个方面的内容。

首先,水彩渲染图的形式单纯概括、色彩轻快透明、水分充沛丰润,给人一种清新、舒畅及淡雅的感觉。它很像音乐中的轻音乐与小夜曲、文学中的诗歌及散文一样,寥寥几笔便能使其画面意境显现出来,从而给人以一种纯美的艺术享受与视觉印象。

其次,水彩渲染图在作画过程中是用水溶化透明颜料并靠溶化在水分中色彩的布置、渗化、重叠来形成物象。加上它是用毛笔将溶化于水中的透明颜色画在纸上的,所以它比其他色彩表现形式更加自如、生动、流畅,这无疑也是水彩渲染图所追寻的格调与境界。

再次,"透明"是水彩渲染区别于水粉表现的主要特征,由于水彩颜色没有覆盖力,画面中的亮都必须靠预先留出纸的白色。另外在具体的绘制过程中,由于颜色、水分、时间相互之间影响较大,并且要求在下笔之前必须做出准确的判断,能够落笔为定,不宜反复修改。为此,水彩渲染图在技法运用上比其他画种更为讲究,故作画人若没有相当的实践经验是难以掌握的。

正因为水彩渲染图具有这样一些表现特点,所以对于景观及建筑专业的初学者来讲,了解水彩渲染图的这些特点对未来水彩表现画的绘制是非常有益的,初学者若要把握住水彩渲染图的这些表现特点,无疑是要经过反复尝试与练习。

2.工具材料

用于水彩渲染图绘制的工具与材料同钢笔徒手画的绘制相比,相对要复杂得多,归纳起来主要有以下几种:

(1)水彩颜料

用于水彩渲染的颜料就是普通的水彩画颜料。若从水彩颜料的合成与形式看,水彩颜料分为有机物(含碳的植物性和动物性)与无机物(金属矿物质)两类。且以研磨成极细的粉状颜料加甘油(缓蒸发)、树胶(粘着剂)、福尔马林(甲醛、防腐)结合而成。在形式上,有一般小学生用的干块状颜色,装在带调色格子的盒中,一种为画水彩画用的干块色,是用锡纸包好嵌放在铁质调色盒内,可以经久不变质。另一种为常见的锡管装水彩色,使用方便,易于调色。从水彩颜料的类别看,有6色、12色、18色及24色装的四种,对于水彩渲染图的绘制来说,有一盒12色或18色的水彩颜料基本上就可以了。

水彩颜料的透明度可从下表中区分出来。

冷色系水彩颜料透明度比较

透明→普蓝 钛青蓝 群青 青莲 淡绿 草绿 翠绿 深绿 橄榄绿 中绿 湖蓝 天蓝 钴蓝 黑 白←不透明

暖色系水彩颜料透明度比较
透明→柠檬黄 紫红 玫瑰红 深红 西洋红 大红 朱红 土红 橘红 中黄 赭石 熟褐 土黄←不透明

对于水彩颜料质量的鉴别，通常是优质的水彩颜料浓度适当，色彩透明度高，耐热性强，吸水性弱，受阳光的影响较小，不会出现胶质过多、色团调不均匀、色相不准确及附着性差等缺点。

（2）水彩画笔

水彩渲染的画笔主要选用水彩画笔，也可选用国画与书法的毛笔。一般要求画笔的含水量大且弹性好，故画国画的大白云笔就非常理想。作水彩渲染时需配备大、中、小三种型号的画笔，其中大白云或中白云应有两支，一支用于渲水，一支用于渲色。此外再准备一支狼毫小笔，如点梅、叶筋以便用来画细部，另还需一支底纹笔与一把板刷，以用于大面积的渲染，使渲染的时候能够更加方便。

（3）水彩用纸

水彩渲染的用纸比较讲究，纸质的优劣直接关系到渲染时水与色的表现及其把握的难易程度，甚至关系到一幅渲染图整体的成败，所以作水彩渲染时对用纸的选择是十分慎重与严格的。其判断的标准首先用纸要白，因为水彩颜料是透明的，色彩渲染的效果依靠底色来衬托。所以用纸越白，越能衬托出色彩的本来面目。而画面中的亮部还有待留出的白纸来表示，用纸不白就会降低高光的度数，影响画面效果的展现。水彩用纸表面要能够存水。这样就要求纸的表面有一定的纹路，既有一定的吸水性，又不过于渗水。另外还要求水彩用纸遇水后不能起翘，这样就要求纸稍厚一些。通常过于光滑的纸面吸水性差，不适于进行水彩渲染。

（4）渲染用水

水彩渲染是通过水和颜料调和来进行建筑表现的一种技法语言，它靠水分的多少来控制画面。在进行渲染及表现色彩层次时，调配颜色用水溶解，水色渗化交融，从而使画面产生色彩淋漓、流畅湿润的艺术效果。所以，水也就成了水彩渲染的主要材料。另外还要用水来作清笔之用，在渲染过程中应及时更换清笔用水，以免因水分中混杂的成分而影响画面的表现效果。

（5）调色盒

用于水彩渲染的调色盒与调色盘应越白越好，其性能以不受渗透性颜色污染为好。

调色盒中颜料的排放最好按色轮的顺序排列，邻色之间不致互相污染。以下为调色盒中的颜色排列方法，是从明度与色相接近、减少污染的角度来排的，这对于初学者来讲是非常具有参考价值的。它们具体排列如下：

第一排格：普蓝→翠绿→淡绿→湖蓝→钴蓝→青莲→熟褐→赭石或土红→土黄→淡黄→白。

第二排格：黑→深绿→中绿→草绿→群青→玫瑰红→深红→大红或朱红→桔红或桔黄→中黄→柠檬黄。

水彩颜色盒中的颜料应保持干净，如果上面带有别的颜料，调色时色彩的纯度就会受到影响，所以养成良好的习惯非常重要。

（6）其他工具的应用

水彩渲染图的绘制除了需用以上工具材料外，作画时还需将纸裱在画板上，因此画板也是进行水彩渲染的重要作画工具。另外还需一个储水瓶与洗笔罐，一块海绵，最好还有一个喷水壶，以用来喷洒水雾湿润渲染用纸。有条件的还可配备一个电吹风，用于第一遍渲染之后以及潮湿与低温天气时使用，从而能够加快画面的干燥速度。其他辅助材料还有勾画底稿的铅笔、刀片，裱纸用的浆糊及防止灰尘的白色盖板布等用具，它们都是水彩渲染图绘制中所必需的作图工具与材料。

二、水彩渲染图的作画要领与基本技法

1.辅助工作

在了解水彩渲染图作画要领之前，初学者必须首先对进行水彩渲染图的绘制所需做的辅助工作有一个基本认识，并能做好这些辅助工作。辅助工作主要包括以下内容。

(1) 裱纸

由于进行水彩渲染的纸在接触到颜色和水分后会产生膨胀现象，而变得凹凸不平，因而在进行水彩渲染之前，必须把纸裱在画板上才能进行绘制。具体的裱纸方法与步骤如下所述。

①四周折边。沿纸面四周折起宽2cm的边，折向是图纸正面向上，注意勿使折线过重而造成纸面破裂；

②图面蘸水。用干净排笔或大号毛笔蘸清水将图纸正面均匀涂抹，注意不要使纸面起毛受损；

③涂抹浆糊。用湿毛巾平敷图面保持湿润，同时在折边反面四周均匀地抹上一层浆糊；

④固定图纸。用手固定与拉撑图纸，贴在图板上。注意用力不可过猛，还应注意图纸与图板的相对位置。为了防止纸的中心很快变干而收缩，最好用湿毛巾盖在纸上，待纸边与图板粘接牢固后再把毛巾拿去。一般经过2～3小时，被裱在画板上的纸便会逐渐晾干并变得非常平整，到此裱纸工作也就全部完成。纸裱好后，由于内部经受了一定的张力，所以当再遇到水与色时，就不至产生很大的膨胀与凹凸，画起来也就比较方便了。

(2) 调色

通常用于水彩渲染的颜料透明度高，在渲染过程中一次调色要充足，不要在渲染过程中出现用色不够的情况。若出现这样的情况，前面已渲染而未完成的色块很可能报废，故此，初学者在作辅助工作时定要了解这一点。另外在调配渲染用色时，一般用过且已干结的颜色因有颗粒而不能再用。

此外水彩颜料的下述特性也应引起初学者的注意：

①沉淀。通常在水彩颜料中，赭石、群青、土红、土黄等在渲染中容易沉淀，故作大面积水彩渲染时要掌握好它们与水的比例，以及渲染的速度、运笔的轻重、颜色的均匀等，并不时轻轻搅动配好的颜色，以免造成着色后的沉淀不均匀与颗粒大小的不一致。

另外，所有的水彩颜料溶水调好后，最好能用细纱布过滤，然后静放一段时间，待颜料沉淀后再将表面的色水滤掉。这样反复几次即可除去渲染颜料中的种种杂质，然后重新与清水调配好浓淡后就可以用于画面的渲染工作了。

②透明。一般在水彩颜料中，柠檬黄、普蓝、西洋红等颜料透明度高，而易沉淀的颜料透明度低，因此在逐层叠加渲染时，宜先着透明色，后着不透明色；先着无沉淀色，后着有沉淀色；先着浅色，后着深色；先着暖色，后着冷色，以避免画面晦暗呆滞，或后加的色彩冲掉原来的底色等现象的发生。

③调配。在水彩颜料的调配中，不同的颜料其调配的方式略有不同，最后达到的效果也各不相同。诸如红、蓝两色先后叠加上色与两者混合后上色的效果就完全不同。通常来说调和色叠加上色，颜色效果比较鲜明；对比色叠加上色，颜色效果就显得晦暗。

(3) 擦洗与修补

在绘制水彩渲染图的过程中经常会遇到渲染失误的现象发生，而由于水彩颜料具有能被清水擦洗的特性，因而有利于初学者在渲染失误出现后，能及时用清水对失误部分进行擦洗，且待干后重新进行渲染补救。此外还可利用擦洗达到特殊的水彩渲染效果，诸如可洗出云彩、倒影等，一般用毛笔蘸清水擦洗即可，但要避免擦伤纸面。

(4) 图面维护与下板

在水彩渲染图的绘制过程中，渲染图往往不能一次完成。当渲染一遍以后，应在图面晾干以后用干净的纸张蒙盖图面，以避免有灰尘沾落在画面上。

作品渲染完成以后，要等图纸全部干透并作适当的整理与修饰后才能下板。在下板时要用锋利的裁纸刀沿着裱纸折纸以

内的图边切割,按切口顺序依次切割,最后再将图纸从画板上取下,所有的辅助工作宣告完成。

2.作画要领

在进行水彩渲染图的绘制过程中,有这样几个作画要领初学者必须了解与把握,它们主要包括以下内容。

(1) 水的运用

水彩渲染的特性主要是依靠水的运用来进行画面表现。初学者用水时往往会出现两种现象:一种是不敢用水,作画时颜色中的水分极少,使画面干枯死板,从而失去水彩渲染中水色溶合的感觉;另一种是用水过度,常常造成画面中水流满面、一片模糊与物象不清等状况,最后出现难于控制的局面。在了解水彩渲染的这种特性后,初学者应通过练习逐步地摸索出水色混合后在画面中产生的各种效果,要善于控制水量与干湿的时间,并逐步学会在不同的季节、气候、地理位置、空间环境等对水彩渲染产生影响的预防措施与补救办法。另外对画面中表现的对象,要具体分析哪些应用水多,哪些应用水少,从而掌握不同的表现手法予以处理与绘制。

(2) 色的运用

在水彩渲染图的绘制中,颜色是画面的核心,它的艳丽与动人心魄的艺术感染力,全借助于水赋予它以生命与灵魂,从而产生丰富的层次、透明的韵味及诱人的色感来。然而对于初学者来说,怎样才能把色彩运用好呢?

其一,就是要运用相关的色彩基础理论,学会观察、分析、掌握色彩的变化规律;

其二,需要熟悉水彩颜料的特殊性质,逐步掌握并运用水彩颜料的优点;

其三,刚开始时不宜用色过多,先用少数几个色,待逐一熟知它们的色性与调配分量及变化规律后,再大胆地实践,直至掌握颜料与水分的调配比例后,即可步入运用自如的境地。

(3) 纸的运用

在绘制水彩渲染图时,纸是颜料与水在画面上表演的"舞台"。

人们在看到一张出色的水彩渲染图时,往往总是首先夸奖作色的色彩效果与水分效果如何如何,却很少有人注意到纸的运用。其实,一张成功的水彩渲染图同样需要有优质的渲染用纸作为最基本的保障。而质地优良的渲染用纸,会使作画者下笔如有神助;反之,质地粗劣的渲染用纸就难免不给作画者带来困扰或失败。可见对渲染用纸的选择与其性能的把握,即是进行水彩渲染的重要技术保障。

用于水彩渲染图的纸,是上过矾或在纸面涂有一层均匀的胶液,否则就会有渗透的现象;水彩纸还要有一定的厚度,这样遇水时才不会过分变形或起皱,通常选用100～300克的纸为佳。另外,水彩纸还需有良好的韧性,否则是难于承受上色过程中反复的渲染。而正规的水彩用纸还有纸纹,如"云纹"与"布纹"等,渲染前可依据表现对象的特点来进行挑选。再就是水彩纸越白越好,因为水彩渲染的最高明度即是留白,纸白则反差强烈,色彩也更加鲜艳;若用有色纸渲染,可利用色纸作基调,亮部用白粉点出。

再有就是水彩纸切不可受潮发霉,也不可受日光照晒,否则纸面容易发黄,故要将纸封好,贮藏在避光且干燥的地方平放保存。对于初学者来说,不要一开始就用价格昂贵的正宗水彩纸,可以先选择一般性的绘图纸张作基础练习,待达到一定的熟练程度后,再用正宗的水彩纸进行绘图,就会如虎添翼了。

(4) 时间控制

这里所说的时间控制,不是指作一幅水彩渲染图需要的时间长短的控制,而是指在作画过程中这一笔与那一笔之间相隔时间的长短。对于初学者要注意这样几点:

①在绘制水彩渲染图时,两色衔接或两色重复渲染时,要掌握一个恰到好处的时间,即该暂停运笔的部位就要暂停运笔;该继续运笔的部位就要继续运笔。

②在水彩渲染的过程中,为了追求表现某种特殊的画面效果,运笔该快则要快,该慢则要慢。尽量做到在抢时间时要果

断,等时间时要耐心,这就是水彩渲染中时间控制的技巧,也是绘制水彩建筑渲染图的核心问题。

3.基本技法

学习与了解水彩渲染图绘制的基本技法,首先必须掌握水彩渲染的运笔方法及其一系列的基础练习与训练内容。通过一个时期的学习与训练后,方可使初学者逐渐了解水彩颜料的表现性能,掌握画面水分的应用与渲染运笔的基本技巧,从而为未来绘制水彩渲染图打下良好基础。因此,对水彩渲染基本技法的把握,必须从以下几方面的学习与训练开始:

(1)运笔方法

对水彩渲染图运笔方法的学习,主要有以下三种方法。

①水平运笔法。就是指用大号笔作水平移动,以适应大片渲染画面的绘制,诸如天空、地面与大块墙面等,就可采用这种运笔方法。

②垂直运笔法。就是指用大号毛笔作上下移动,但运笔一次的距离不能过长,以避免上色不均匀。另外在同一排中运笔的长短要大体相等,要防止过长的笔道使水彩颜色急骤下淌。这种方法主要适宜作小面积渲染中应用,特别是渲染垂直长条形的物体。

③环形运笔法。就是指用大号毛笔作水平方向的环形搅动,常用于退晕渲染。一般在环形运笔中笔触应能起到搅拌作用,以使后加上去的颜色与已涂上的颜色能在运笔过程中不断得到均匀调和,从而使图面出现柔和的渐变效果。

(2)基础练习

水彩渲染的基础练习主要包括平涂、退晕、叠加等基本技法,分述如下:

①水彩平涂渲染练习。它是水彩渲染中最基本的表现技法之一,即指整个渲染画面是没有色彩与深浅变化的平涂,而平涂的主要要求就是均匀。而在进行大面积的水彩平涂渲染练习时,需要初学者首先把颜料调好放在杯子里,待颜料在水中稍有沉淀后,即把上面一层已经没有多少渣滓的颜色溶液倒入另外一个杯子里即可开始使用。

在进行平涂渲染练习时,应把图板的一头略微抬高以保持一定的坡度,然后用较大的笔蘸满色水后,从图纸的上方开始进行渲染。在开始渲染时应用大号毛笔蘸上适量的清水润湿顶边,以避免纸张骤然见色而不均匀。其后再从左至右一道道向下方平涂,同时用另一支蘸好色水的大号毛笔赶水,但注意笔要轻,移动的速度应保持均匀。

在渲染的过程中,其笔头应尽量与纸面接触,而且应该以笔带水来移动,且每次应向下移动约2cm宽,直至快到底时。最后再用甩干的笔头轻轻吸去上层的水分,直至将纸面上的水分全部吸去,需要注意在吸水中毛笔不要触动底色。

在进行水彩渲染运笔时,用毛笔蘸色水既不要蘸得过少,也不要过多,而以适中为佳。另外,较浓的颜色不容易渲染均匀,故在渲染过程中将较深的色调几遍来进行渲染,而每一遍的用色都应较淡与薄,经过若干次叠加后,即可使色调变深,而且画面又可达到非常平整与均匀的效果。

②水彩退晕渲染练习。在进行水彩渲染练习之中,退晕渲染的技法也是应用最为普遍的一种基本表现方法。一般来讲,退晕渲染可以分为如下两种表现形式:

其一,是单色退晕渲染练习。这种退晕渲染练习比较简单,其变化的方式主要有由浅到深、由深到浅及由深到浅再到深等。而由浅到深的退晕方法是先调好两杯同一种颜色的颜料,一杯是浅的,量稍多一些,另一杯是深的,量稍少一些,然后按照平涂的方法,用浅的一杯颜色从纸的顶部开始向下渲染,每画一道(宽为2~3cm)后在浅色的杯子中加进一定数量(如一滴或两滴)深色,并且用笔搅均匀,这样作出的渲染就会有由浅到深的退晕效果;由深到浅的退晕方法基本上也是这样,只是开始的时候用深色,然后在深色中逐渐加进清水即可渲染出来;由深到浅再到深的退晕方法则是前两种退晕渲染方法的综合运用而已。

其二,是复色退晕渲染练习。复色退晕主要是由一种色彩逐渐地变成另一种颜色，其基本方法与前者相同。一般在渲染前先将两种水彩颜色调好，假若是用红与蓝两种颜色进行退晕，要求从红到蓝进行退晕，就先用红色进行渲染，其后逐渐在红色中加进蓝色，就会使原来的红色逐渐变紫，最后再变成蓝色，即可得到从红到蓝的退晕渲染效果。

在复色退晕渲染练习中，需注意的问题是有些色彩相互退晕时，当色彩混合后，交接处会出现脏的现象，故此在渲染中要注意颜色的搭配，以避免这种现象的发生。

从水彩退晕渲染练习来看，它主要是用来表示受光程度不均的平面与曲线的光影变化关系，诸如天空、地面、水面及建筑的屋顶、墙面等。另外，用叠加的方法也可取得退晕的效果，由于这种方法比较机械，退晕变化也比较容易控制，所以在一些不便于退晕渲染的地方，用这种方法也可获得满意的效果。如一根细长的圆柱，若用普通退晕方法来画十分困难，但把它从竖向分成若干格，然后用叠加退晕的方法来画，就比较容易了。

③水彩叠加渲染练习。它是指沿着光影退晕的方向在纸上分成若干格(格子分得越小，退晕的变化越柔和)，然后用较浅的颜色进行平涂，待干后留出一个格子，再把其余的部分罩一层颜色，待干后又多留出一个格子，把其余的部分再罩上一层颜色。这样依次类推，直到最后，那些罩色的层数愈来愈多的地方，其颜色也会越来越深，从而形成由浅至深的退晕效果。在叠加退晕渲染的过程中，因渲染对象格子划分的方法不同又可分为两种形式，即格子等分划分与按一定比例渐次收缩来划分，前者的叠加退晕变化往往比较均匀；后者的叠加退晕变化则常常给人由缓到急的印象。

用叠加法退晕可以保证退晕变化的均匀，因而可以用来与一般的复色退晕渲染作比较，以检验后者是否均匀。在作基础练习时，可以采用这种比较的方法，这样后者就可以参照前者的变化来调整画面的色调。通过上面的练习，初学者对水彩渲染的技法将会有一个基本的认识与了解。然而水彩渲染练习的难度较大，初学者在练习中需要进行反复尝试，以获取一定的

感性认识与经验。

此外，以下几个方面的问题在水彩渲染图的绘制中也需要注意：

①画板角度应与水分干湿的调整及天气有关，一般在晴朗干燥的天气里画板角度要尽量小些，阴雨潮湿的天气里画板角度要适当大些。

②色水等级与渲染次数的关系，避免出现退晕明度层次上的脱节现象。

③控制好运笔速度，以及运笔的宽度与笔尖的含水量。

④培养耐心细致的作风，避免在水彩渲染中出现急躁心情。

在水彩渲染的基础练习中，退晕变化应均匀，避免色阶上的脱色现象出现，渲染中应无明显的笔触和水渍；深色部位要有透明感，要深沉而不污浊；另外需要分开渲染的色块，应尽可能避免重叠而出现黑线；画面要有层次，有透明感与空气感等。当这个阶段的训练均能达到上述目标后，即可开始下一步的训练。

三、水彩渲染图的局部渲染与绘制步骤

在水彩渲染图的绘制中，用水彩渲染进行画面中的局部表现，其内容主要包括细部材料质感的渲染与各种配景的渲染等，具体如下所述。

1.材料质感的渲染

用水彩渲染的方法来表现建筑和环境细部中的材料质感，无疑会比钢笔徒手画的表现效果更加逼真，更能体现物像的色彩关系。其具体的渲染画法主要有以下内容：

(1)墙面的画法

建筑墙画的材料质感表现主要可分为外墙与内墙两个方面。然而由于现代建筑材料的迅速发展，用于建筑墙面的材料种类越来越多，因而渲染的方法也就各不相同。在具体的渲染中，若是较光洁的、粉刷涂饰的墙面，一般就依据墙面所确定的

固有色,用退晕手法与冷暖变化的规律加以处理即可完成。为使墙面表现生动,可根据具体环境的情况,略加光影进行刻画,如表示树枝叶的阴影、天空云彩的阴影等,均能收到良好的表现效果。建筑墙面还有清水砖、乱石块、大理石、花岗岩及斩假石等等做法,它们的渲染画法如下:

①清水砖墙的画法。通常表现尺度较大的清水砖墙,应先用铅笔画出横缝与竖缝,其后渲染底色,干后用深一些的颜色加重一部分砖块并留出高光,砖块的颜色在画面上略有变化,即可表现出砖墙的材料质感与效果。

②乱石块墙的画法。由于乱石块墙面石块颜色不同,在渲染时可分三步进行,即先作统一的墙面色调退晕,方法是从暖到冷、从明到暗;其后再将每块石头描绘出来,并要留出高光与画出阴影;最后依据色彩变化规律,用铅笔或小毛笔将接缝处的细纹刻画出来,渲染即告完成。在渲染中需注意乱石块墙有平整石块、凹凸石块、虎皮石块、规整石块等不同石材砌筑而成,故要用不同的表现方法来进行刻画,以使相互间有所区别。

③贴面石材的画法。大理石与花岗岩等贴面材料,由于每块石料在色泽、花纹上有微弱的差别,加上天然石材纹路与色彩差异大,而人造石材的差异小,故在渲染时要先渲底色,注意不要太均匀,明暗差异可拉大,然后再加以细致描绘。当渲染完后,再用线条将其贴饰拼缝画出,其效果更为逼真。

④斩假石墙的画法。这种墙面具有垂直的斧斩线条纹理,绘制方法是先铺底色,后用直线笔画垂直线与水平线线条,并在底色上先以一色或数色叠点加色,再以直线条画出平行线即成。

建筑的内墙墙面多用涂料刷饰,也有用贴面瓷砖、墙布与木板贴饰的。它们的渲染方法基本上与比较光洁的粉刷外墙面渲染方法相同,即用退晕的方法渲出底色,然后再根据不同材料的纹理、花纹与质地进行刻画,并将拼缝准确画出,渲染出墙面材料的质感特征。

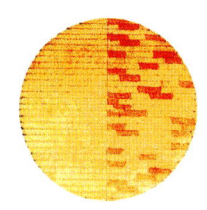  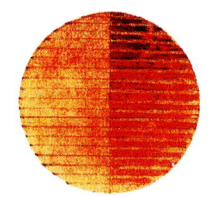

画清水砖墙的方法示意　　画乱石墙的方法示意　　画陶瓦屋面的方法示意

(2)屋顶的画法

现代建筑屋顶的材料与色彩可以说是五光十色、丰富多彩。归纳起来有陶瓦屋面、琉璃瓦屋面、平屋顶屋画、各种板瓦与塑料彩瓦屋面等,其渲染的画法也各自不同。

①陶瓦屋面的画法。它是一种光洁度不高的陶质筒瓦,需画成半圆形且留下一条窄窄的高光。绘制时先渲底色,再画出筒瓦的阴面与投射在板瓦上的阴影,并挑出几块瓦作重点的刻画。特别需要注意的,是瓦头的高光与投射在屋面上的阴影应要顺着筒瓦的凸起及凹下而变化。

②琉璃瓦屋面的画法。它是一种光洁度极高的筒瓦与板瓦的组合。因而在绘制时必须留出极窄的高光,另外,板瓦与筒瓦的阴影有强烈的反光。由于琉璃瓦上釉后是挂在窑内烧结的,瓦面上一般都有釉彩下流的退晕效果,从而出现上浅下深的变

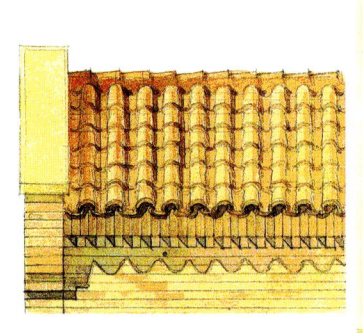 

琉璃瓦屋面的画法

化，这一点可说是渲染琉璃瓦屋面的一大表现特征。

③平屋顶屋面的画法。根据屋面材料的色相作平涂与有深浅变化的退晕渲染即可表现出其质感。

④各种板瓦与塑料彩瓦屋面的画法。着重依据各种板瓦与塑料彩瓦材质的色彩、光泽、纹理与造型特点，先平涂上各种瓦材的颜色，其后依据以上特点进行细致的刻画，表现出各自的材质特点。

(3)玻璃的画法。

现代建筑为了室内采光及造型上的需要，在墙面上设有许多玻璃门窗，有些更是以整面玻璃幕墙的形式出现，使整幢建筑就像一个巨大的玻璃盒子。因此在绘制景观及建筑水彩渲染图时，玻璃的画法也就显得非常重要。

一般玻璃具有透明、反光与镜面三种形式，渲染时要研究它所处的环境与光线变化规律。特别是在晴朗的蓝天下，玻璃会有蓝色的倾向；而当建筑室内光线较亮时，又可透过玻璃见到室内的景象等，在绘制时则要根据画面的需要来进行不同的处理。不同玻璃的渲染方法如下所述：

①透明玻璃的画法。这种玻璃的渲染，先要将建筑室内的景物绘制出来，然后按玻璃的色彩用平涂的方法渲上一层颜色。对一幢建筑物来说，在底层可用这样的方法，逐渐向上就要减弱刻画的程度，而加大玻璃的反光程度。另外绘制窗洞时，要有一条较深的阴影(夜晚没有)，然后再用直线笔着色画出门框与窗框即可。

②反光玻璃的画法。绘制时先铺底色(玻璃的固有色)，由于门窗都有角度上的变化，故门窗的玻璃除用自身的颜色渲染出来外，还需将周围环境的色彩加以表现。若是面积较大的玻璃墙面也可采用部分透明、部分反光的渲染手法来表现。

③镜面玻璃的画法。渲染时可以当做一面镜子来画，即将对面的建筑与环境景观均有所反映，然后用玻璃自身的色彩由深到浅地渲染一遍，再用直线笔着色对玻璃进行划分。

④金属板材与门窗配件的画法。铝板材、不锈钢板材及各种金属、木制与塑料门窗，以及各种材质的五金配件用于现代建筑内外环境，在今天已成为非常普遍的现象。用水彩渲染表现金属板材时与玻璃的渲染处理一样，要表现材质的反光效果与镜面效果，其后再在板材之上渲染一层所表现材料的固有色即可。而渲染镜面圆柱又与渲染平整的镜面材料不同，因为圆柱镜面是曲面的，有一定的变形效果，所以在绘制中要注意反射影像的变化，高光处应留白色，且将柱子渲染后加入深色条纹，还需将明显的退晕效果表现出来。

渲染门窗配件的画法是在底色渲染出后，根据不同门窗配件材质的差异，刻画其表面的反光与纹理。一般金属门窗表面比较光滑，渲染时要将其光影退晕效果表现出来；如果是木门窗，就需要画出其木材的纹理。而不同木材其纹理各不相同，故初学者要了解一些常用木材的表面纹理，以用于具体的渲染表现中。门窗上的各种金属配件，同样要仔细观察，以区别各种金属质感的色彩特点。

2.建筑及环境配景的渲染

在水彩渲染图的绘制中，建筑配景主要包括有天空、地面、山石、水面、树木、人物与车辆等。在绘制中它们仅仅处于陪衬的地位，但画出来给人们的感觉必须是真实的。其具体的画法如下所述：

(1)天空的画法

在景观及建筑表现画中，天空所占的面积比较大，对画面的基调有着重要的影响。通常运用水彩渲染的方法来绘制天空，最常用的就是上深下浅、均匀退晕的湿画法。具体的画法是先用笔蘸清水把纸浸湿，待半干时依据云的态势铺色，利用纸面干湿不均匀的特点，使颜色在纸上扩散开来，然后再因势利导，调整各个部分的深浅及形状，以表现出云天的效果。在这种画法的基础上，还可以用天蓝色点破一些地方来表示晴天的天空，并更好地衬托出云的轮廓来。还有一种方法就是先铺天空的底色，待未干前用笔在较深的天空中洗出白云，这种画法比较柔和，但处理不好颜色会显得单调。

(2)地面的画法

地面的材料很多，城市道路主要有沥青、水泥地面两种，人行道则是混凝土板铺面；室内则有木地板、天然石板、水磨石地面等，其材质的反光均非常强烈。一般渲染地面的作用主要在于衬托建筑主体，具体的画法分述如下：

①水泥与沥青地面的画法。这两种地面除雨天以外，基本上没有建筑物的倒影，只有建筑与树木及各种设施的阴影。一般在渲染时，远处的影子狭长而密集，近处的影子宽阔而疏散，这是透视产生出来的效果。在绘制时，可先从远至近，从暖与浅至冷与深，并作出退晕，其后再绘制出地面的光影；而人行道的混凝土预制板地面，除很近之处适当分出板块外，远处则不宜分得过细。较好的方法是用大块面渲染方法来绘制，颜色由冷与深至暖与浅为佳。对近处分出的块面则可作适当处理，如挑出几块加重颜色的深度与变化，即可获得良好的画面效果。

②天然与人造石材地面的画法。主要包括石板、卵石、块石等铺地石料，其绘制的方法与石墙一样，远近变化较大，而且在色彩变化上也基本相同。路面上的阴影应随着石材表面的凹凸变化而不同，近处石材还应将其有变化的高光表现出来。绘制的程序为先作色彩退晕，一般远暖浅、近冷深，阴影为远而密、近而疏；其次描绘出近处的石块，远处可减略，高光也可略去；然后将地面的树影与光影绘出，最后重新加强各种铺地石材的石缝，适当绘出一些相间的青草，以使石材铺成的地面显得更为生动。

③草地与土地的画法。这两种地面均没有反光，渲染草地的绿色从远至近的变化应分别为浅黄→浅绿→深绿→墨绿；而花园中的草坪一般都经过修剪，常常呈现一派绿草如茵的景象；山野草地应是杂草丛生，并夹有各种灌木、石块等，故绘制时应采用不同的方法来处理。田间与山野土地的画法大体与草地相同，但地面由于起伏不同，加上土地中间偶有石块、草丛等，这样在渲染中就还要注意各种变化的关系，以将土地地面表现得更为深入。

(3)山石的画法

用水彩渲染的方法表现图中的山石，其内容主要包括远山、近山及近景中的假山与石块等。若绘制远山，色彩均显得冷与浅，不需分出体型与明暗块面。如遇云雾与细雨，则可用湿画法来绘制，以表现远山朦胧景色。若绘制近山，却可明显看到山石、树木、草丛与草坡等，其中一种以树丛草坡为主，一种以山石崖壁为主。可用湿画法，也可用干画法，色彩较远山来说则要暖与深得多。若绘制近景中的假山与石块，需要充分了解山石的结构与形态，以便能用准确的色彩关系表现出来。

(4)水面的画法

用水彩渲染的方法来表现景观及建筑画中的水面，因不同水面所处情况的差异，其水面产生的倒影也各不相同。一般静水的水面倒影轮廓清晰，适合用干画法来表现。其方法为先用蓝绿色铺底色，色彩要淡一些且要作出上浅下深的退晕效果，待其干后再把水上的物像投影于水下用稍淡于原物像的颜色叠加在水面的底色之上，以表现出静水水面的倒影关系。

若绘制微波荡漾的水面，则在前面渲染的基础上，用橡皮擦出一

水面侧影的画法

到两条光带,并用白色予以点缀,以表现水面粼粼的波光;若渲染水流平缓的水面,可先用蓝灰色或蓝绿灰色作从岸边到近处水面的退晕,然后再将岸上建筑物画成倒影。水波不大时,建筑及配景的倒影不必拉得过长,并要在倒影上再作一次退晕渲染,而水面的波纹应画得流畅又不琐碎为佳;若渲染波浪起伏的水面,则需要有相当的水彩渲染功底作基础,否则比较难于画好。具体绘制方法一般是先从远方岸边到近处水面作从浅到深的退晕,且在岸边留出狭窄的白色。其次岸上倒影不要画得太清楚,应将倒影画成随波起伏的一层层弧形的倒影,并需将倒影处理得与波浪协调一致。

(5)树木的画法

用水彩渲染的方法画树通常对处于建筑物前近景与中景的树不着重刻画出树叶,仅将树的枝干画出,为的是减少对建筑物的遮挡。为此多用扁平的排笔来画树干,而且力求使画出的树干有色彩的深浅变化,并能一次就将树干的立体感表现出来。然后再用较细又有弹性的狼毫笔将树枝画出,绘制时应沿着树枝的长势用笔,先重后轻、由粗到细地表现出树枝刚劲有力的气势。最后用较深的颜色表现出树枝在树干上的阴影及树木的质感再用毛笔画出树叶。

(6)人物与车辆的画法

在水彩渲染图中,人物与车辆在表现画中主要是起点缀作用,以使画面中的环境场景更加显得有生气与活力。关于人物与车辆的造型与动态的处理,在前面钢笔画中已作了介绍,这里谈到的主要是人物与车辆的色彩渲染问题,它们具有很多共同的因素。

用水彩渲染的方法来绘制人物与车辆,若画面色调非常统一,那么在人物与车辆上就可多用一些鲜明的色彩;若画面色彩本身就非常丰富,就要注意人物与车辆的点缀色彩应尽可能地协调与统一。

3.绘制步骤

步骤1:起稿,绘制轮廓

在进行表现图的水彩渲染之前,首先应将表现物体的轮廓线用软硬适中的HB铅笔或针管笔在已裱好的水彩画纸上按比例绘制出来,透视应准确,构图应完整,主次应分明。最好的办法是在其他的纸张上先将轮廓线画好,然后再将轮廓线拷贝到水彩纸上,这样可避免在裱好的水彩画纸上修改轮廓线,造成水彩纸面的损伤;

步骤2:定基调,铺底色

这一步骤的主要任务是把设计对象与背景分开,并确定出画面的总体色调与各个主要部分的底色来。一般来讲,设计对象在阳光的照耀下,多少都带有暖黄的色调,为此渲染的第一步就是要由浅入深,用较淡的土黄加柠檬黄把整个画面平涂一遍,以期使画面有一个统一的基调,并能在其后的色彩渲染中取得和谐的色彩效果;

步骤3:分层次,留高光

这一步骤的主要任务是分出建筑,树及地面的前后层次,刻画出材料的固有色,注意冷暖的变化,表现出它的光感,并留出高光。一般按照前亮后暗(个别情况也可能是前暗后亮)与前暖后冷的原则,其后再分块进行渲染;

树木的画法

步骤4:画光影,衬体积

这一步骤的主要任务是通过对光影的渲染,将主体对象的体积感衬托出来。应将主体建筑与配景树的层次区别开。画光影需要考虑到画面的整体感,不能一块一块零零碎碎地画,应该整片地去渲染。特别是建筑物檐部的影子,应当连贯起来一次性地画完。影子在不同色彩的物体上,可使原来的物体颜色变暗,但是还应该反映出该物体原来的色彩。并将天空进行简单的渲染;

步骤5:做质感,画配景,进行整体调整

这一步骤的主要任务是在前面工作的基础上再对画面的空间层次、建筑体积、材料质感与光影变化作深入细致的描绘。而所有这些深入的刻画,都要服从于环境的空间层次。在小块色彩的选择和色度的掌握上,既要富有变化,又不宜做得过于零乱,以防止破坏画面的整体效果。

画配景的主要任务就是要刻画设计对象周围的配景与环境,从而达到烘托主体的目的,其内容有以下几点:

①对表现画中的天空进行适当的处理,采用浅色天空的处理方案时,一般可用普蓝淡淡地作一点退晕,再根据画面的情况,适当地绘制一些云彩;

②天空渲染出来后,就可用较淡的绿色将远处的树木渲染出来,并作适当的退晕变化处理;

③用较深的绿色画近处的树木,并作细致地刻画,如有必要,可对画面主体的边角部位作适当的遮盖。

3.水彩渲染中常见毛病与解决办法

初学者在水彩渲染的过程中,常常会出现一些毛病,归纳起来主要有如下几个方面的问题。

其一,在水彩平涂与退晕渲染以后,水彩纸面出现水平与垂直的条条色斑。这主要是因为水彩画纸遇水后,纸张受潮膨胀产生的,往往造成鼓起之处缺少色水,下凹之处则积色水严重,从而形成深浅不等的条形斑纹。这种现象在水彩渲染面积越大时,问题也更加突出。产生这种毛病的原因是在裱水彩画纸时,纸面刷水少,纸面没有得到充分的伸张所造成的。因此,在裱水彩画纸时,纸张要涨透,纸边浆糊要比水彩画纸中部先干才行,这样图纸遇水后就不会再鼓胀得那样明显了。

对已出现这种色条斑纹的水彩纸面,可用排刷与海绵将纸面洗净并揭下重新裱贴,也可将洗净的纸面用吹风机吹干,做好准备工作,加大图板的倾斜度,并用较大的底纹笔着色水从上至下快速渲染完毕,放置于电风扇下尽快吹干。若颜色渲染表现得不够充分,待颜色干后重新再用前面的这种方法进行再次的渲染即可。

步骤1 起稿,绘制轮廓　　　　　　步骤2 定基调,铺底色

步骤 3 分层次,留高光

步骤 4 画光影,衬体积

步骤 5 做质感,画配景,进行整体调整

其二，在进行水彩平涂渲染以后，渲染的画面本应出现非常均匀的渲染效果，然而却出现上部显得浅、下部显得深的毛病。这种情况多数都是因为在渲染开始着色时，笔上水分少，渲染时间短造成的。为此可以在后面的渲染中用毛笔将色水上扬，以使前面的色彩能够得到加深。画面下部颜色过深是由于色水渲染至底部时没有留边与吸水，色水在此停留过长所造成的。针对这种情况，可以在渲染运笔快要接近底边时，不再加深色水，或加水使色水减淡，此时即使运笔时间拖长，也就不会显得过深了。

其三，在进行过水彩渲染的画面上，特别是在纸面的下部往往产生水渍。这主要是由于图板倾斜放置，在渲染后色水下流，而上部已干燥，下部的水分向已干的上部渗透而产生的水渍。遇到这种情况应尽快将水彩画纸下部的色水吸干，操作时可用两指捏扁笔尖，用笔尖将水彩画纸底部的浮水吸去，但不要触及纸面的颜色，这样即可解决纸面水渍的问题。

其四，在渲染大面积的天空，特别是用有沉淀的水彩色渲染时，常出现水平条纹的颜色沉积，其原因主要是渲染时运笔速度慢造成的。往往水彩画纸的上部积水少，积沉也少，而下部积水厚，又加之重新调配色水耽误时间造成了颜色的沉淀，并出现深浅不均的条纹。解决的办法是在第二遍渲染时与第一遍错位，以使第一遍色浅的地方在第二遍渲染过程中少积水，少积沉淀，从而让图面上的条纹有所减弱。另外在渲染运笔时，从左到右运笔完成后，再开始运第二笔，以能将前面一笔渲染的色水逐步向下引。如果在渲染中发现被引色水中有较多沉淀物，立即能用饱含色水之笔来回轻轻扫动，使沉淀物能重新浮起，最终获得均匀的渲染效果。

除前面谈到的这些渲染常见的毛病以外，以下一些问题在渲染过程中也需加以注意：

第一，水彩画面渲染的色彩干涩无光，其原因主要在于渲染时纸面缺水所造成。因此在水彩渲染中一定要水分充足，尤其在大面积水彩渲染中，水分不饱满，画面效果一定不会好。

第二，水彩画面渲染的笔痕零乱，其原因主要是在渲染时东一笔、西一画而造成的，因此在进行水彩渲染的过程中，一定要按顺序进行渲染运笔，切忌一个地方没有画完又去画另一个地方。

第三，水彩画面上出现少量白点与黑斑。遇到这种问题，可用毛笔的笔尖蘸上少许相似而又略淡的色水，在画面的白点上以点或短线的形式填补；另外，也可将橡皮用小刀削尖或削扁，把沉淀的黑斑擦薄，从而达到减弱的目的。

第四，水彩纸若被橡皮过多擦拭后，在渲染过程中就会显露出来，待渲染完成就会留下许多深痕来。此外，纸面有油污、渲染后的画面上又滴入水滴、间色与复色渲染时调色不均、颜料搅拌过多等都可造成花斑或发污。这些毛病与问题均是初学者在水彩渲染图绘制过程中容易出现与产生的，应提早进行预防。如何避免这些容易出现的毛病和问题，就要求初学者在练习的过程中能够严格按照指导教师的要求去做，预防上述问题的发生，并能逐步学会自己去解决问题，使自己的绘画水平不断呈现新的面貌。

第四节 透明水色表现技法

一、透明水色的特点

透明水色色彩明快鲜艳，比水彩更为清丽，适合于快速表现，由于调色时叠加渲染次数不宜过多，色彩过浓时不宜修改等特点，多与其他技法混用。如钢笔淡彩法、底色水粉法等。

透明水色分为两种：一种是纸形，有木装与单页；一种是瓶装，分12色分瓶装和散装。透明水色的颗粒极细，色分子异常活跃，易于流动，对纸面的清洁要求比较苛刻，起草时不可用橡皮，否则会出现痕迹。大面积渲染时要将画板倾斜。

透明水色技法的优点是画面色彩明快，空间造型的结构轮廊表达清晰,适于快速表现。它可以在较短的时间内,通过简便、实用的绘图方法和绘画工具,来达到最佳的预想效果。目前无论在对外的工程设计上,还是投标中,都需要掌握一种快速的表现图技法,以争取在有限的时间内取得方案优选的主动权,透明水色技法正符合这些要求,因而广受欢迎。

一张成功的透明水色表现图,它所依赖的条件是准确、严谨的透视和较强的绘画功能。由于透明水色属于透明性较强的颜料,因而准确生动的透视显得格外重要,透视稿一定要拷贝到干净的绘图纸上,以免着色时出现水印、油点或涂不匀等现象,颜料采用国产瓶装的水色颜料即可。

着色前,应先在头脑中想好空间的明暗层次关系,做到心中有数,做画时一气呵成,在画面中天空、地面、主体建筑所占的比重较大,因而它们的颜色直接影响到整个画面的色调,调色时颜色尽量要调准,争取一次到位,笔触的运用要做到准确、实用,把重点放在强调表达设计意图的关键部位。

透明水色颜料本身具有很强的透明性,因此渲染的次数不能过多,最多2~3次,渲染的程序也是由浅入深,画浅了可以再加重,但把握不好画重了,往浅里面提就不大容易了,因而要先画浅色的背景,再画深色的景物。

整个画面渲染完毕,可利用水粉颜料对重点部位进行深入细致的刻画,因为透明水色画法与其它技法相比缺乏深度,因而恰到好处的局部点缀可起到画龙点睛的作用,在绘制配景时,要考虑到周围环境并且要比例合适,否则破坏画面的整体性。

二、绘制步骤

透明水色的绘制步骤与水彩渲染的绘制方法基本相同,主要可以分为以下几方面:

步骤1:起稿,绘制轮廓

用HB铅笔或针管笔刻画物体的轮廓,注意建筑主体和配景的主次关系,透视要准确,画面要完整;

步骤2:定基调,铺底色

确定出画面的总体色调。由于透明水色颜料本身具有很强

步骤1 起稿,绘制轮廓

步骤2 定基调,铺底色

步骤3 分层次，突出重点　　　　　　步骤4 画光影，衬体积，深入刻画

步骤5 整体调整

的透明性，因此渲染的次数不能过多，最多2～3次，渲染的程序也是由浅入深；

步骤3：分层次，突出重点

分出主体建筑与配景的前后层次关系，分出材料的固有色彩，表现出它的光感，并留出高光。一般按照前亮后暗（个别情况也可能是前暗后亮）与前暖后冷的原则，其后再分块进行渲染。完成后画面应该是主体突出，层次分明；

步骤4：画光影，衬体积，深入刻画

通过对光影的渲染，加强光影的对比，增强画面效果，将建筑的体积感衬托出来。由于透明水色的透明性好，所以可以将光影后面的材质本色反映出来，以很好的达到衬托建筑的体积感的目的。同时，应注意地面的投影刻画；

步骤5：整体调整

在前面工作的基础上再对画面的空间层次、建筑体积、材料质感与光影变化作进一步的调整。对局部高光，可用水粉调整。

第五节 马克笔表现技法

一、马克笔表现技法的特点

马克笔是从国外进口的一种绘图用笔，它类似于塑料彩笔，其笔头呈斜方形，可画粗细不同的线条，颜色从深到浅、从纯到灰约有一百多种。由于马克笔具有色彩丰富、着色简便、风格豪放与成图迅速的特征，因此深受广大设计师的普遍欢迎，尤其是用于快速表现图的绘制，更具有其他表现技法无可比拟的优势。马克笔有油性与水性之分，只是两种类型在颜色方面均透明度高，相互叠加后会产生许多令人想象不到的、丰富而微妙的色彩效果。

从马克笔颜色构成的成分看，它主要以甲苯与三甲苯所制成，其颜色挥发性很高。也正是由于马克笔颜色具有这样的特点，所以用马克笔绘制表现图特别方便。而且用马克笔作画，其颜色浓重、笔触明显、笔笔轨迹清晰，尤其是在不吸油的纸上作画，能更好地将马克笔作画的特点显示出来。在作画中，不同色彩的笔触可以相互重叠，有时还能盖住前面的颜色，也有时候能通过叠加产生另一种颜色来。若用淡色油性马克笔来作画还可以"清洗"掉前几种色彩，并且在"重叠"、"遮盖"、"清洗"的同时，产生出色彩渐变的效果。

由于马克笔宽度上的限制及经济上的因素，通常用于马克笔的画幅都不宜过大，多以2号以下的图纸绘制，最大也不宜超过1号图纸的图幅大小。另外因为马克笔的颜色是一种易挥发的油性颜料，所以长时间作画过程中不要间隔停顿太久，应及时画完一种颜色后，立即将该笔的笔帽盖好，以免颜料挥发损失。

油性与水性马克笔的颜色均为透明色彩，所以在绘制时易于与其他绘图工具诸如彩色铅笔、铅笔、透明水色、水彩与水粉及各色塑料笔混合使用作画，从而产生许多令人耳目一新的表现效果。

二、马克笔建筑表现图的工具材料

马克笔建筑表现图的工具材料主要包括各种马克笔、绘图用纸及其他辅助工具材料等。

1. 马克笔

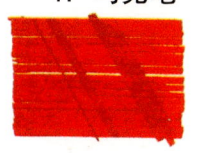  

"马克(MARKER)"英语的原意为"记号、标记"，开始主要用于包装工人与伐木工画记号时使用，后来才发展成为今天这样的文具。目前市场上出售的多为日制、美制与德制的各类马克笔，如日制的YOKEN牌，一套五号，共有116种颜色；另外

油性不溶性的马克笔也有诸多系列，且配有多种中间色，并从深到浅、从纯到灰，配色齐全。另外还有一种日制的ZEBRA牌双头马克笔，为12色装，色彩非常浓艳，可配合灰色系列色彩马克笔并用。此外还有金、银色及荧光色马克笔等。近年来国内一些厂家推出的木芯水彩笔，其颜色具有水溶性，均可与上述马克笔结合在一起使用，从而创造出丰富多彩的表现效果来。

2. 绘图用纸

用油性马克笔作图最适宜的用纸为马克笔PAD纸，这种纸吸油性强，不会造成晕染，且纸质细密，特别适合马克笔重复涂绘的特性。另外这种绘图用纸略具透明性，用来描绘原稿非常方便。

各种绘图用纸、水彩与水粉用纸、高级复印纸、双道林纸等均适合用来使用马克笔作画。而铜版纸、卡纸等纸面光滑的纸张，用马克笔作画则颜色容易出现晕染，一般不宜采用，但若想有意获得一些特殊的画面效果，尝试着使用一些特殊的绘图用纸也未尝不可。还可利用硫酸纸半透明的特点，用其正反两面着色也会取得意外的表现效果，所以也用得非常普遍。

3. 透明直尺

用马克笔作画，当排一些过长的直线时，需借助各种绘图工具来辅助，这样才能画出许多徒手直线不易表现出来的画面效果。但若用这些工具辅助作画，就必须准备一块抹布，以便随时将透明直尺上画线时出现的颜色污迹擦去，以免继续作图时污染建筑表现图的画面。

此外，马克笔表现技法其他的辅助工具材料还有裁纸刀、胶带纸、拷贝纸、丁字尺、三角板、曲线板与圆规等，均可用于作画的实际需要。

三、马克笔的作画方法与绘制步骤

步骤1：用针管笔画出轮廓，有条件的话可用复印机将其复印下来再画，这样就可防止线条跑墨而影响马克笔笔尖的色彩效果。同时利用复印机还可将要绘制的图形随意放大与缩小；

步骤2：用浅色概括地画出背景树的亮部色彩，用土黄和褐色画出屋面及墙体的固有色彩，注意用笔要流畅，避免重复；

步骤3：加强配景树的冷暖和明暗对比，笔触衔接要自然，避免生硬，呆板；

步骤4：细致刻画画面近景的植物及其它配景，加强地面的明暗关系，明确空间层次的变化；

步骤5：最后深入刻画主体建筑的质感，以及地面的细部刻画，并进一步调整画面的色调，使其作到统一又有变化。

步骤1 起稿

步骤2 定基调，铺底色

步骤3 加强明暗对比 　　　　　　　　步骤3 深入刻画

步骤5 整体调整

第三章
作业改优

景 观 及 建 筑 表 现 技 法

作业评语：
　　画面色彩对比较弱，明暗对比不够强烈，地面处理过于简单，远、中、近景物层次不够分明，空间感较弱。

改后评语：
　　加强了画面色彩的纯度与明度的对比，加强暗部色彩的刻画，使画面明暗对比度加强，用略重的铅笔加深，使画面整体色调得到统一。

第三章　作业改优

景观及建筑表现技法

第三章 作业改优

作业评语：
暗部的色彩不够，投影需加强。

改后评语：
加强了主体建筑暗部色彩，增强了色彩的明暗对比，使画面效果得到进一步提高。

作业评语：

地面的细节刻画不深入，前景要加强明度对比，空间层次不够深远。

改后评语：

对前景植物进行了细节刻画，突出了前景植物的对比以及地面整体的前后层次，暗部色彩得到了统一，笔触也有了灵活性。

景 观 及 建 筑 表 现 技 法

作业评语：
色彩不够统一，笔触稍显生硬。

改后评语：
加强了画面的明度对比，也提高了纯度对比，笔触也生动了许多，效果较好。

第三章　作业改优

景 观 及 建 筑 表 现 技 法

作业评语：
　　画面较灰，效果不够理想，小桥的色彩变化少。

改后评语：
　　画面小桥用马克笔画出暗部及投影的笔触，增强了空间层次，色彩有了生动变化，暗部色彩得到了统一，画面效果增强了。

第三章　作业改优

景 观 及 建 筑 表 现 技 法

作业评语：
　　刻画的较为简单，笔触过于拘紧，明度对比不强。

改后评语：
　　加强了地面的色彩处理，特别是建筑的加重，推出了层次，远处的树木增强了体积感，前处的石头加强对比，提升了画面效果。

第三章　作业改优

景 观 及 建 筑 表 现 技 法

作业评语：
用笔过于琐碎，对比不够。

改后评语：
用马克笔统一色彩关系，加强了地面投影，使细部刻画更加到位。

第三章 作业改优

景 观 及 建 筑 表 现 技 法

第三章　作业改优

作业评语：
　　远景以及近景树木刻画不够深入，对比太弱，体积感也较弱。

改后评语：
　　用透明水色加重远处树木的颜色，使其衬托出白色主体建筑，前景的树加强了过渡色彩，增强了体积感，建筑的投影也得到了加强，增强了画面效果。

作业评语：
主体建筑刻画过于平淡，草地缺少对比，色彩对比弱。

改后评语：
用马克笔进一步深入刻画，注意墙体的明暗变化，使体积感得以加强，水面加强刻画了水中的投影。

第三章 作业改优

景 观 及 建 筑 表 现 技 法

作业评语：
明暗对比过弱，画面效果不明显。

改后评语：
加强整体画面暗部的色彩，增强对比度，使其达到一种光感，马克笔的运用较为灵活，笔触生动。

作业评语：
中心草坪细部刻画不深入，画面缺少明暗对比，地面色彩对比弱。

改后评语：
加强了植物等配景暗部的色彩明暗对比，中心草坪细节得到了进一步深化。

景 观 及 建 筑 表 现 技 法

作业评语：
画面对比弱，效果不理想，缺少细节的刻画。

改后评语：
加强各部位的暗部色彩，提高色彩的明度对比，马克笔的使用较为生动，空间层次感加强了。

第三章　作业改优

景 观 及 建 筑 表 现 技 法

作业评语：

画面较灰，深入不够。

改后评语：

整个画面加强了色彩对比，进行深入刻画。

第三章 作业改优

景观及建筑表现技法

第三章 作业改优

作业评语：
色彩对比太弱，光感表现不理想。

改后评语：
加强远、中、近景物的色彩对比，统一画面的色调，光感表现得到提高。

景 观 及 建 筑 表 现 技 法

作业评语：
形体造型不够严谨，刻画得不深入，过于松散，无投影的刻画，效果差。

改后评语：
加强远、中、近景物的造型刻画，使形体更加准确，通过前后色彩的对比，推出了画面的层次空间。

第三章 作业改优

景观及建筑表现技法

作业评语：

透视不严谨，用色琐碎，层次空间感不强，造型不准确，色彩较灰。

改后评语：

加重画面整体的固有色刻画，使其衬托出主体建筑，湖水投影的深入刻画，使水面的表现生动起来，画面的效果得到了加强。

景 观 及 建 筑 表 现 技 法

作业评语：

造型不准确，用笔无秩序、琐碎、空间感弱。

改后评语：

加强远、中、近景物的对比，通过不同的明度色彩及冷暖关系，加强空间层次，加重水面投影的色彩，地面用笔较为概括，增强了整体画面的效果气氛。

第三章 作业改优

景 观 及 建 筑 表 现 技 法

作业评语：
画面色彩较灰，地面及植物刻画不到位。

改后评语：
画面增强了纯度对比，统一了色彩调子，地面和植物用马克笔摆出笔触，增强了空间感。

景 观 及 建 筑 表 现 技 法

作业评语：
造型准确，但画面对比较弱。

改后评语：
加强整体画面色彩及明暗对比，使画面效果得到加强。

第三章 作业改优

景 观 及 建 筑 表 现 技 法

第三章

068

作业改优

作业评语：
　　透视严谨，造型准确，但画面对比较弱。

改后评语：
　　加重暗部色彩，增加色彩对比，进一步深入刻画细节，使画面色彩更加统一。

景 观 及 建 筑 表 现 技 法

作业评语：
主体建筑暗部投影较弱，笔触过紧，画面对比不够强烈。

改后评语：
加强主体建筑暗部色彩，各配景的暗部得到进一步刻画，体积感增强了，画面效果得到改善。

第三章 作业改优

景观及建筑表现技法

作业评语：

画面对比弱，远、中、近景空间感弱。

改后评语：

加强画面空间层次，注意前后虚实的刻画，前景水面及石头加强了处理，明暗对比增强。

第三章 作业改优

景观及建筑表现技法

作业评语：
建筑物刻画得不深入，前景树刻画简单，缺乏对比。

改后评语：
加强建筑物细部刻画，包括层顶、廊、柱等，提高画面的明暗对比，突出画面的色彩对比关系，使画面效果得到了提升。

第三章　作业改优

第三章 作业改优

景观及建筑表现技法

作业评语：
　　色彩对比弱，效果不理想。

改后评语：
　　加强了画面整体的明暗对比，及冷暖关系对比，绿篱加重暗部的色彩，加强前景对比，使空间层次更加分明。

第四章
学生优秀作品

工具：钢笔 + 透明水色

画面构图稳定、透视严谨，水面投影刻画生动，笔触明确，植物色彩对比响亮，冷暖对比准确，画面明暗对比强烈，光感较强，作品整体色调统一又富于变化。

工具：钢笔＋透明水色

作品 整体色调为冷色调，远、中、近景物空间层次明确，石材质感刻画的真实，虚实对比明确，笔触有紧有疏，画面道路刻画略显过紧，缺少变化。

工具：钢笔 + 透明水色 + 马克笔

作品运用的是综合技法来进行表现，用透明水色铺大的色块，运用极细的马克笔进行深入刻画，画面色彩对比明确，主体建筑质感表现恰到好处，水面光影明确，树木、花草及草地在刻画时多用马克笔进行的，笔触生动活泼，远景较为概括。

工具：钢笔 + 水彩

作品画面概括性较强，着重处理大环境的色彩关系，远山和云进行水彩退晕处理，水面重点处理投影的暗部色彩，树木等植物刻画简炼，风景亭子用笔随意，前景小木桥材质表现的概括而生动，画面效果较好。

工具：钢笔 + 水彩 + 透明水色

作品画面前后空间层次分明，远山运水彩进行概括渲染，近景的瀑布、石头、树木刻画深入，水运用透明水色进行退晕处理较为恰当，石头暗部加入钢笔进行刻画，植物的刻画简炼概括。

工具：水彩＋马克笔

这幅作品色调统一又富于变化，用笔随意而不一拘紧，前后层次关系明确，远处景色处理的较为概括，近景的树木及地面亮部运用了擦洗的方法进行刻画，增强光感的效果，细部运用马克笔进行了细致描绘，水面处理简单概括，画面整体处理较好。

工具：钢笔 + 透明水色

作品色调比较明快，大面积草地处理的较为概括，远景虚实得当，道路石板明暗处理的得当，层次关系分明，湖面的投影较为生动，云彩的颜色纯度有些过高，应降低纯度。

工具：马克笔 + 透明水色

作品刻画的极为精细，技法运用娴熟，画面构图饱满，空间层次分明，水面运用透明水色进行渲染，色彩既有变化又有统一，远处景物概括，近景植物在细部刻画上运用了极细马克笔，造型严谨，冷暖对比准确，整体色调协调统一富有节奏感。

工具：马克笔

作品是运用极细的马克笔进行刻画的，重点表现了景物的体积关系，色彩沉稳、厚重、通过不同色彩马克笔的叠加，使明暗对比较为强烈，色调较为统一，质感表现较为真实。

工具：钢笔＋水彩＋透明水色

作品构图严谨，透视准确，远、中、近景的空间关系较明确，运笔较为概括流畅，色调统一，水面刻画的自然，笔触生动、灵活，整幅作品造型严谨。

工具：透明水色 + 马克笔 + 针管笔

　　作品色调统一，又富于变化，远山进行概括性的渲染，水、天的色彩混然一体较为和谐，树的体积感较强，刻画自然，画面处理疏密得当。

工具：钢笔 + 透明水色 + 马克笔

画面刻画精确，不乏是一幅较好的作品，画面中石头质感生动、真实，每组植物的层次分明，色彩统一又有变化，明暗对比明确，笔触灵活。

工具：马克笔

作品为一幅马克笔快速表现图，是在较短的时间完成的，在马克笔的运用上较流畅，色彩叠加较为准确，画面主次分明，远处进行了简炼的概括，主体树木刻画较为深入，画面效果较明快。

工具：透明水色 + 马克笔

作品构图松紧有度，造型严谨，主体刻画的精细，质感表现准确，画面色彩和谐统一，较为完整。

工具：水彩

这幅作品构图严谨，运用了大量的擦洗技法，造型准确，体积感较强，色彩对比明确，水的运用较为娴熟。

工具：钢笔 + 透明水色

作品是运用钢笔淡彩的方法进行刻画的，先用钢笔或针管笔画出透视和基本型，再进行色彩的渲染，主体建筑刻画真实，用笔大方、流畅，画面层次分明，配景简炼概括，画面色彩对比和谐，明暗对比表现强烈，光感效果较理想。

工具: 透明水色 + 马克笔

作品色调和谐统一,空间层次明确,在水的运用上掌握的比较娴熟,色彩对比明确,水面处理自然流畅,整体环境气氛生动。

工具：马克笔 + 针管笔

作品刻画精致，质感表现真实、生动，水面投影的色彩较丰富，用笔随意、灵活，体积感强。

工具：透明水色 + 钢笔

作品构图松紧适当，造型准确，色彩冷暖对比鲜明，画面色调统一而有变化。

工具：透明水色＋钢笔

作品构图严谨，透视准确，主体建筑质感刻画真实，远、中、近层次明确，虚实得当，画面效果较好。

工具：透明水色 + 马克笔

作品刻画精细，明暗对比强烈，体积感强，远处景物概括、统一，草地刻画极为精致，色彩丰富，环境气氛效果好。

工具：透明水色 + 马克笔

作品构图严谨，透视准确，主景瀑布刻画生动，层次明确，色彩纯度掌握准确，远处树丛概括统一。

工具：水彩

水彩运用较为娴熟，用笔放松，构图疏密得当，作品画面气氛效果营造较和谐。

工具：透明水色 + 钢笔

水面刻面较为生动、前后空间层次分明，暗部色彩富于变化，作品整体色彩较为和谐。

工具：马克笔

作品色调统一，马克笔运用较为熟练，主体刻画精细，整体环境和谐，对比强烈，效果较好。

工具：钢笔 + 水彩

作品整体环境气氛较好，用笔流畅，色彩丰富而又统一，层次分明。

工具：钢笔 + 透明水色

色彩对比明确，虚实得当，远、中、近景层次处理较好，水体表现较为生动。

后 记

　　从景观及建筑表现绘画的功能来看，它与一般的绘画作品虽然有着许多共性，但自身的个性特色是非常鲜明和突出的。首先景观及建筑表现的表达效果必须符合设计环境的客观现实；其次在景观及建筑表现的绘制过程中不能随意更改或曲解设计师的构思，应以科学的态度对待画面中每一个局部与细节的处理；再者，景观及建筑表现不但是一种科学性较强的设计，同时也是一种具有较高艺术品位的绘画艺术作品，而且景观及建筑表现画与一般写生绘画也不同，它无法以实物为对象参考性地去描绘，而只能依据景观及建筑设计的相关图纸等技术资料，创造性地画出设计对象的"未来"形象。也正因为如此，对那些有志于在未来能够成为一个出色的景观设计师或建筑师的青年学生来说，系统地了解与学习景观及建筑表现技法是非常重要的。

　　本书收集了许多教师和学生的作品，并得到了东北林业大学园林学院的领导和老师们的指导及帮助，对此我们深表谢意。

　　我们在本书的编写过程中，除了主要的参考文献以外，还参考了许多国内外专家的著作，在此向他们表示深深的感谢。

　　在本书的出版过程中，东北林业大学出版社的各位老师给予了许多无私的帮助，做了大量的工作，我们全体编者向你们致谢。

陈洪伟　毛靓

2006 年 9 月

主要参考书目

1 彭一刚. 建筑绘画及表现图. 北京:中国建筑工业出版社,1987
2 田学哲. 建筑初步. 北京:中国建筑工业出版社,1982
3 黄钟琏. 建筑阴影和透视(第三版). 上海:同济大学出版社,2005
4 刘铁军. 表现技法. 北京:中国建筑工业出版社,1999
5 《中国经典手绘》编委会. 中国经典手绘——景观建筑. 天津:天津大学出版社,2004
6 钟训正. 建筑画环境表现技法. 北京:中国建筑工业出版社,1995
7 马旌等. 国外建筑绘画图集. 西安:陕西人民美术出版社,1993
8 朱小平. 建筑装饰效果图. 西安:陕西人民美术出版社,1994